CBAC
Mathemateg
ar gyfer UG
Profion Ymarfer
Pur a Chymhwysol

Stephen Doyle

Illuminate Publishing

CBAC UG Mathemateg ar gyfer UG – Profion Ymarfer Pur a Chymhwysol

Addasiad Cymraeg o *WJEC Mathematics for AS Level – Pure & Applied Practice Tests* a gyhoeddwyd yn 2018 gan Illuminate Publishing Ltd, an Hachette UK Company, Carmelite House, 50 Victoria Embankment, London EC4Y 0DZ

Archebion: cysylltwch â Hachette UK Distribution, Hely Hutchinson Centre, Milton Road, Didcot, Oxfordshire, OX11 7HH. Ffôn: +44 (0)1235 827827. E-bost: education@hachette.co.uk. Mae'r llinellau ar agor rhwng 9.00 a 17.00 o ddydd Llun i ddydd Gwener. Gallwch hefyd archebu trwy wefan Hodder Education: www.hoddereducation.co.uk.

Cyhoeddwyd dan nawdd Cynllun Adnoddau Addysgu a Dysgu CBAC

Data Catalogio Cyhoeddiadau y Llyfrgell Brydeinig

Mae cofnod catalog ar gyfer y llyfr hwn ar gael gan y Llyfrgell Brydeinig.

ISBN 978-1-911208-82-2

Argraffwyd a rhwymwyd y gyfrol yn y Deyrnas Unedig gan Severn Print, Caerloyw

Rhif yr argraffiad 2

Blwyddyn 2023

Polisi Hachette UK yw defnyddio papurau sy'n gynhyrchion naturiol, adnewyddadwy ac ailgylchadwy o goed a dyfwyd mewn coedwigoedd sydd wedi'u rheoli'n dda, a ffynonellau eraill cynaliadwy. Disgwylir i'r prosesau torri coed a gweithgynhyrchu gydymffurfio â rheoliadau amgylcheddol y wlad y mae'r cynnyrch yn tarddu ohoni.

Gwnaed pob ymdrech i gysylltu â deiliaid hawlfraint y deunydd a atgynhyrchwyd yn y llyfr hwn. Os cânt eu hysbysu, bydd y cyhoeddwyr yn falch o gywiro unrhyw wallau neu hepgoriadau ar y cyfle cyntaf.

Mae'r deunydd hwn wedi'i gymeradwyo gan CBAC, ac mae'n cynnig cefnogaeth o ansawdd uchel ar gyfer cymwysterau CBAC. Er bod y deunydd wedi bod trwy broses sicrhau ansawdd CBAC, mae'r cyhoeddwr yn dal yn llwyr gyfrifol am y cynnwys.

Atgynhyrchir cwestiynau arholiad CBAC drwy ganiatâd CBAC.

Dyluniad a gosodiad y llyfr Saesneg gwreiddiol a'r llyfr Cymraeg:
GreenGate Publishing Services, Tonbridge, Swydd Gaint
Dyluniad y clawr: Neil Sutton

Cydnabyddiath ffotograffau

Y clawr: Klavdiya Krinichnaya/Shutterstock; **t5** Radachynskyi Serhii/Shutterstock; **t7** Anatoli Styf/Shutterstock; **t13** Jeeraphun Kulpetjira/Shutterstock; **t19** Jan Miko/Shutterstock; **t22** Africa Studio/Shutterstock; **t26** Fotos593/Shutterstock; **t29** jo Crebbin/Shutterstock; **t32** Jose Antonio Perez/Shutterstock; **t38** Rena Schild/Shutterstock; **t44** Marco Ossino/Shutterstock; **t48** Sergey Nivens/Shutterstock; **t52** Blackregis/Shutterstock; **t56** urickung/Shutterstock; **p62** Gajus/Shutterstock; **t66** cosma/Shutterstock; **t68** Will Rodrigues/Shutterstock; **t75** Andrea Danti/Shutterstock; **t79** sirtravelalot/Shutterstock; **t82** a **t93** panitanphoto/Shutterstock.

Cydnabyddiaeth

Hoffai'r awdur a'r cyhoeddwr ddiolch i Sam Hartburn am ei chymorth a'i sylw gofalus wrth adolygu'r llyfr hwn.

Cynnwys

Cyflwyniad

Mae'r llyfr Profion Ymarfer hwn wedi'i ddylunio i'w ddefnyddio ochr yn ochr â gwerslyfrau CBAC Mathemateg ar gyfer UG – Pur a Chymhwysol. Mae'r llyfr yn dilyn yr un drefn o ran testunau â threfn y llyfrau, sef yr un drefn â manyleb CBAC.

Prif ddiben y llyfr hwn yw adeiladu hyder yn y testunau drwy ddarparu cwestiynau wedi'u graddio'n ofalus, ac mae llawer ohonyn nhw'n debyg i'r mathau o gwestiynau gallech chi eu cael yn yr arholiad ei hun.

Dyma rai o nodweddion y llyfr Profion Ymarfer:

- Ffeithiau a fformiwlâu ar ddechrau pob testun sy'n ei gwneud hi'n hawdd i chi weld beth dylech chi ei wybod yn barod.

- Cwestiynau fesul testun, wedi'u graddio'n ofalus, sy'n cynnwys lle i chi ysgrifennu eich atebion.

- Atebion llawn i'r holl gwestiynau yn y cefn, gydag esboniadau llawn ac esboniadau sy'n dangos ffyrdd eraill o ddatrys yr un broblem.

- Cyngor ar sut i ateb y cwestiynau er mwyn sicrhau'r marciau uchaf.

- Mae cwestiynau heb eu strwythuro yn cael eu darparu, sy'n nodwedd newydd yn y fanyleb.

- Enghreifftiau o bapurau i chi roi cynnig arnyn nhw.

1 Prawf

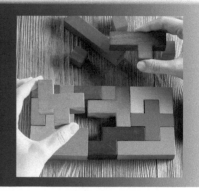

Ffeithiau a fformiwlâu hanfodol

Ffeithiau

Gallwch chi ddewis o blith y mathau canlynol o brawf (oni bai bod gofyn i chi ddefnyddio prawf sy'n cael ei enwi yn y cwestiwn):

- **Prawf drwy ddisbyddu** – mae'n defnyddio pob gwerth sy'n cael ei ganiatáu i brofi bod gosodiad mathemategol yn gywir neu'n anghywir. Dim ond pan fydd nifer bach o werthoedd posibl i roi cynnig arnyn nhw y dylech chi ddefnyddio'r dull hwn.

- **Gwrthbrawf drwy wrthenghraifft** – defnyddio enghraifft i brofi nad yw nodwedd yn gweithio.

- **Prawf drwy ddiddwytho** – defnyddio rhywbeth rydyn ni'n ei wybod neu'n ei dybio (algebra fel arfer) i benderfynu a yw gosodiad yn gywir neu'n anghywir.

Cwestiynau

1 Os yw n yn gyfanrif rhwng ac yn cynnwys 1 a 7, profwch nad yw'r mynegiad $n^2 + 2$ yn lluosrif 4. [2]

2 Defnyddiwch wrthbrawf drwy wrthenghraifft i benderfynu a yw'r gosodiad 'os yw $x > y$, yna $x^2 > y^2$', yn gywir neu'n anghywir. [2]

3 Yn y ddau osodiad isod, mae *c* a *d* yn rhifau real. Mae un o'r gosodiadau yn gywir ac mae'r llall yn anghywir.

    A   O wybod bod $(2c + 1)^2 = (2d + 1)^2$, yna $c = d$.

    B   O wybod bod $(2c + 1)^3 = (2d + 1)^3$, yna $c = d$.

(a) Nodwch y gosodiad sy'n anghywir. Darganfyddwch wrthenghraifft i ddangos bod y gosodiad hwn yn anghywir.

(b) Nodwch y gosodiad sy'n gywir. Rhowch brawf i ddangos bod y gosodiad hwn yn gywir.   [5]

4 Profwch drwy ddiddwytho fod swm sgwariau unrhyw ddau gyfanrif olynol bob amser yn odrif.   [2]

5 Os yw *n* yn gyfanrif, profwch drwy ddisbyddu fod pob rhif ciwb naill ai'n lluosrif 9 neu'n 1 yn fwy neu'n 1 yn llai na lluosrif 9.   [4]

2 Algebra a ffwythiannau

Ffeithiau a fformiwlâu hanfodol

Ffeithiau

Rheolau indecsau: $a^m \times a^n = a^{m+n}$, $\quad a^m \div a^n = a^{m-n}$, $\quad (a^m)^n = a^{m \times n}$, $\quad a^{-m} = \dfrac{1}{a^m}$,

$a^0 = 1$ (dim ond os $a \neq 0$), $\quad a^{\frac{m}{n}} = \sqrt[n]{a^m}$, $\quad a^{-\frac{m}{n}} = \dfrac{1}{\sqrt[n]{a^m}}$

Syrdiau: $\sqrt{a} \times \sqrt{a} = a$, $\quad \sqrt{a} \times \sqrt{b} = \sqrt{ab}$, $\quad (\sqrt{a} + \sqrt{b})(\sqrt{a} - \sqrt{b}) = a - b$

Rhesymoli: $\dfrac{a}{b\sqrt{c}} = \dfrac{a}{b\sqrt{c}} \times \dfrac{\sqrt{c}}{\sqrt{c}} = \dfrac{a\sqrt{c}}{bc}$

$\dfrac{a}{\sqrt{b} \pm \sqrt{c}} = \dfrac{a}{(\sqrt{b} \pm \sqrt{c})} \times \dfrac{\sqrt{b} \mp \sqrt{c}}{\sqrt{b} \mp \sqrt{c}} = \dfrac{a\sqrt{b} \mp a\sqrt{c}}{b - c}$

Trowch yn ôl i'r gwerslyfr (Testun 2) i weld y dulliau/technegau canlynol sydd eu hangen i ateb cwestiynau'r testun hwn:

- Cwblhau'r sgwâr
- Ystyr gwahanolion ffwythiannau cwadratig
- Braslunio ffwythiant cwadratig
- Datrys anhafaleddau llinol
- Datrys anhafaleddau cwadratig
- Trawsffurfiadau'r graff $y = f(x)$
- Theorem y gweddill
- Y theorem ffactor

Fformiwlâu

Mae gan yr hafaliad cwadratig $ax^2 + bx + c$ ddatrysiadau/gwreiddiau sy'n cael eu rhoi gan

$$x = \frac{-b \pm \sqrt{b^2 - 4ac}}{2a}$$

Gwahanolyn ffwythiant cwadratig $= b^2 - 4ac$

Cwestiynau

1 Datryswch yr anhafaleddau canlynol:

(a) $1 - 5x > -2x + 7$ [1]

(b) $\frac{x}{4} \leq 2(1 - x)$ [2]

(c) $2x^2 + 5x - 12 \leq 0$ [2]

2 (a) O wybod bod $x - 7$ yn ffactor o $x^3 - 8x^2 - px + 84$, ysgrifennwch hafaliad sy'n cael ei fodloni gan p. Trwy hyn, dangoswch fod $p = 5$. [2]

(b) Datryswch yr hafaliad $x^3 - 8x^2 - 5x + 84 = 0$ [4]

3 Datryswch yr anhafaleddau canlynol:

(a) $1 - 2x < 4x + 7$ [2]

(b) $\frac{x}{2} \geq 2(1 - 3x)$ [2]

4 Mae'r polynomial $f(x)$ wedi'i ddiffinio gan

$2x^3 + 7x^2 - 7x - 12$

Darganfyddwch holl ddatrysiadau $f(x) = 0$ [3]

5 (a) Ehangwch a symleiddiwch $(4 - 2\sqrt{5})(3 + 4\sqrt{5})$ [2]

(b) Mynegwch $\sqrt{27} + \dfrac{81}{\sqrt{3}}$ yn y ffurf $a\sqrt{3}$, lle mae a yn gysonyn.   [2]

6 Darganfyddwch yr amrediad o werthoedd m lle nad oes gan yr hafaliad $3x^2 + mx + 12 = 0$ wreiddiau real.   [4]

7 (a) Mynegwch $\sqrt{27} + \sqrt{48}$ yn y ffurf $a\sqrt{3}$. [2]

(b) Mynegwch $\dfrac{20}{2 - \sqrt{2}}$ yn y ffurf $b + c\sqrt{d}$. [2]

8 (a) Darganfyddwch werth lleiaf $3x^2 - 12x + 10$ [3]

(b) Trwy hyn, darganfyddwch werth mwyaf $\dfrac{1}{3x^2 - 12x + 10}$. [1]

9 Enrhifwch y canlynol

(a) $\left(\dfrac{27}{9}\right)^0$ [1]

(b) $27^{\frac{2}{3}}$ [1]

(c) $\left(\dfrac{27}{8}\right)^{-\frac{1}{3}}$ [2]

⑩ Mae Ffigur 1 yn dangos braslun o'r graff $y = f(x)$. Mae gan y graff bwynt minimwm yn $(-3, -4)$ ac mae'n croestorri'r echelin-x yn y pwyntiau $(-8, 0)$ a $(2, 0)$.

(a) Brasluniwch graff $y = f(x + 3)$, gan nodi cyfesurynnau'r pwynt arhosol a chyfesurynnau'r pwyntiau lle mae'r graff yn croestorri'r echelin-x. [3]

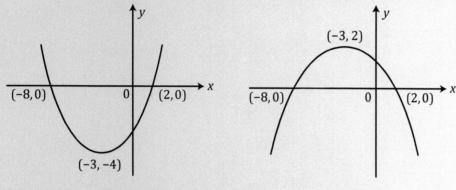

Ffigur 1   Ffigur 2

(b) Mae Ffigur 2 yn dangos braslun o'r graff sydd ag un o'r hafaliadau canlynol â gwerth priodol ar gyfer naill ai p, q neu r.

$y = f(px)$, lle mae p yn gysonyn

$y = f(x) + q$, lle mae q yn gysonyn

$y = rf(x)$, lle mae r yn gysonyn

Ysgrifennwch hafaliad y graff sydd wedi'i fraslunio yn Ffigur 2, ynghyd â gwerth y cysonyn cyfatebol. [2]

Brasluniwch graff $y = \frac{1}{x}$ a thrwy hynny defnyddiwch eich graff i ddatrys yr anhafaledd $\frac{1}{x} < \frac{1}{2}$ [3]

⑫

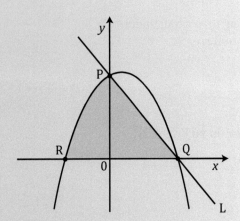

Mae'r diagram uchod yn dangos braslun o'r gromlin $y = -x^2 + 2x + 8$. Mae'r gromlin yn croestorri'r echelin-x yn y pwyntiau Q ac R a'r echelin-y yn y pwynt P. Mae llinell L yn mynd drwy P a Q.

Mae pwynt T yn bwynt sy'n gorwedd oddi mewn i'r ardal sydd wedi'i thywyllu ar y graff. Ysgrifennwch dri anhafaledd mae'n rhaid eu bodloni gan gyfesurynnau pwynt T. [5]

3 Geometreg gyfesurynnol ym mhlân (x, y)

Ffeithiau a fformiwlâu hanfodol

Ffeithiau

Sylwch fod un *y* ar ochr chwith yr hafaliad.

- Mae graffiau llinell syth hefyd yn cael eu galw'n graffiau llinol ac mae ganddyn nhw hafaliad yn y ffurf $y = mx + c$

- m yw'r graddiant (h.y. pa mor serth yw'r llinell) ac c yw'r rhyngdoriad ar yr echelin-y.

- I ddwy linell fod yn baralel i'w gilydd, mae'n rhaid bod ganddyn nhw'r un graddiant.

- Pan fydd dwy linell yn berpendicwlar i'w gilydd (h.y. maen nhw'n creu ongl o 90°), lluoswm eu graddiannau yw –1, felly os oes gan un llinell raddiant m_1 a gan y llall raddiant m_2, yna $m_1 m_2 = -1$.

Fformiwlâu

Graddiant y llinell sy'n uno pwyntiau (x_1, y_1) ac (x_2, y_2) yw:

$$\text{Graddiant} = \frac{y_2 - y_1}{x_2 - x_1}$$

Mae **canolbwynt** llinell sy'n uno pwyntiau (x_1, y_1) ac (x_2, y_2) yn cael ei roi gan:

$$\text{Canolbwynt} = \left(\frac{x_1 + x_2}{2}, \frac{y_1 + y_2}{2} \right)$$

Mae **hafaliad llinell syth** sydd â graddiant m ac sy'n mynd drwy'r pwynt (x_1, y_1) yn cael ei roi gan:

$$y - y_1 = m(x - x_1)$$

Mae **hyd llinell syth** sy'n uno'r ddau bwynt (x_1, y_1) ac (x_2, y_2) yn cael ei roi gan:

$$\sqrt{(x_2 - x_1)^2 + (y_2 - y_1)^2}$$

Gall **hafaliad cylch** gael ei ysgrifennu yn y ffurf:

$$(x - a)^2 + (y - b)^2 = r^2, \text{ lle y canol yw } (a, b) \text{ a'r radiws yw } r.$$

Ffurf arall ar gyfer hafaliad cylch:

$$x^2 + y^2 + 2gx + 2fy + c = 0$$

lle y canol yw $(-g, -f)$, a'r radiws yn cael ei roi gan $\sqrt{g^2 + f^2 - c}$.

Cwestiynau

1 Mae gan linell syth yr hafaliad $2y = 4x - 5$

   (a) Ysgrifennwch raddiant y llinell hon.   [1]

   (b) Mae llinell arall yn cael ei lluniadu sy'n berpendicwlar i'r llinell hon. Ysgrifennwch raddiant y llinell berpendicwlar.   [1]

2 Mae llinell syth yn mynd drwy'r pwyntiau A(−2, 0) a B(6, 4).

   (a) Darganfyddwch raddiant llinell AB.   [1]

   (b) Canolbwynt AB yw M. Darganfyddwch gyfesurynnau M.   [1]

   (c) Mae llinell syth yn cael ei lluniadu drwy'r pwynt M sy'n berpendicwlar i linell AB.

      (i) Ysgrifennwch raddiant y llinell hon.   [1]

      (ii) Darganfyddwch hafaliad y llinell hon.   [1]

3 Mae gan linell PQ yr hafaliad $2x + 3y = 5$. Mae gan bwynt R y cyfesurynnau (3, 3).

   (a) Darganfyddwch raddiant llinell PQ.   [1]

   (b) Mae llinell yn cael ei lluniadu sy'n mynd drwy R ac sy'n baralel i PQ. Os yw'r llinell hon yn mynd drwy'r echelin-*y* yn y pwynt S, darganfyddwch gyfesurynnau S.   [2]

4 Mae gan linell AB yr hafaliad $4x + 5y = 10$.

   (a) Darganfyddwch raddiant AB. [1]

   (b) Profwch fod y pwynt C (−5, 6) yn gorwedd ar AB. [1]

   (c) Darganfyddwch hafaliad y llinell drwy C sydd ar ongl sgwâr i AB. [2]

5 Mae gan gylch C ganol A a'r hafaliad $x^2 + y^2 + 6x + 8y - 10 = 0$

Darganfyddwch gyfesurynnau A a darganfyddwch radiws C. [2]

6 P yw'r pwynt (0, 6) a Q yw'r pwynt (5, p).

   (a) (i) Darganfyddwch raddiant y llinell sydd â'r hafaliad $2x + 5y = 40$. [1]

      (ii) Darganfyddwch hafaliad y llinell drwy P
sy'n baralel i'r llinell $2x + 5y = 40$. [1]

   (b) Mae'r llinell drwy P hefyd yn mynd drwy bwynt (5, p)
Darganfyddwch werth p. [2]

Darganfyddwch hafaliad y cylch sydd â chanol (1, 2) ac sy'n mynd drwy'r pwynt (4, −1). [3]

8 (a) Darganfyddwch gyfesurynnau canol y cylch sydd â'r hafaliad:

$x^2 + y^2 - 4x + 8y + 4 = 0$ [1]

(b) Profwch fod y pwynt P (6, −4) yn gorwedd ar y cylch. [1]

9 Mae A(−1, 1), B(1, 2), C(4, 1) yn bwyntiau ac mae P yn bwynt fel mai AP yw diamedr cylch sydd â chanol B.

(a) Darganfyddwch hafaliad y cylch yn y ffurf $x^2 + y^2 + ax + by + c = 0$
lle mae a, b, c yn gysonion sydd i'w darganfod. [3]

(b) Profwch fod y llinell CP yn dangiad i'r cylch. [3]

10 AB yw diamedr cylch sydd â chanol C ac mae pwynt P yn gorwedd ar y cylchedd.

Os yw AP = $3\sqrt{5}$ a BP = $4\sqrt{5}$:

(a) Gall diamedr y cylch gael ei tynegi fel $k\sqrt{5}$. Darganfyddwch werth k. [2]

(b) Mae canol cylch C yn (3, −2). Darganfyddwch hafaliad y cylch gan roi eich ateb yn y ffurf $x^2 + y^2 + 2gx + 2fy + c = 0$ [3]

11 Darganfyddwch werthoedd m lle mae'r llinell $y = m(x - 1)$ yn dangiad i'r gromlin $y = x^2 + 3$ [5]

12 Mae'r llinell sy'n uno'r pwyntiau P(1, 3) a Q(3, −1) yn ddiamedr i gylch C sydd â chanol A a radiws r.

(a) Darganfyddwch hafaliad cylch C yn y ffurf $x^2 + y^2 + ax + by + c = 0$ lle mae a, b ac c yn gysonion sydd i'w darganfod. [3]

(b) Mae pwynt R(1, -1) yn gorwedd ar y cylch. Darganfyddwch faint ongl PQR gan roi eich ateb mewn graddau i un lle degol. [3]

4 Dilyniannau a chyfresi – y Theorem Binomial

Ffeithiau a fformiwlâu hanfodol

Ffeithiau

Triongl Pascal

```
              1
            1   1
          1   2   1
        1   3   3   1
      1   4   6   4   1
    1   5  10  10   5   1
```

Fformiwlâu

Ehangiad binomaidd $(a + b)^n$ ar gyfer cyfanrif positif n

$$(a + b)^n = a^n + \binom{n}{1}a^{n-1}b + \binom{n}{2}a^{n-2}b^2 + \ldots + \binom{n}{r}a^{n-r}b^r + \ldots + b^n$$

$$\binom{n}{r} = {}^nC_r = \frac{n!}{r!(n-r)!}$$

Ehangiad binomaidd $(1 + x)^n$ ar gyfer cyfanrif positif n

$$(1 + x)^n = 1 + nx + \frac{n(n-1)}{2!}x^2 + \frac{n(n-1)(n-2)}{3!}x^3 + \ldots$$

Cwestiynau

1 Defnyddiwch yr ehangiad binomaidd i ehangu $(3 + 2x)^3$. [2]

2 Darganfyddwch y term x^2 yn yr ehangiad binomaidd $\left(x + \dfrac{3}{x}\right)^6$. [2]

3 (a) Ehangwch $(1 + x)^7$ mewn pwerau esgynnol o x hyd at, a gan gynnwys, y term yn x^3. [3]

(b) Gan ddefnyddio eich canlyniad ar gyfer rhan (a), darganfyddwch fras werth ar gyfer 1.1^7. Sylwch fod yn rhaid i chi ddangos eich holl waith cyfrifo ac na fyddwch yn cael unrhyw farciau am roi 1.1^7 yn eich cyfrifiannell yn unig. [2]

(c) Esboniwch sut gallai'r ehangiad gael ei ddefnyddio i ddarganfod bras werth ar gyfer 0.99^7. [1]

4 (a) Ehangwch $(1 + x)^6$ gan symleiddio pob term yn yr ehangiad. [3]

(b) Defnyddiwch eich ehangiad o ran (a) y cwestiwn i gyfrifo gwerth $(1.02)^6$ gan roi eich ateb i bedwar lle degol. [2]

5 Trigonometreg

Ffeithiau a fformiwlâu hanfodol

Ffeithiau

Mae angen i chi allu deillio'r canlynol gan ddefnyddio naill ai triongl ongl sgwâr neu driongl hafalochrog.

$$\sin 30° = \frac{1}{2}$$

$$\cos 30° = \frac{\sqrt{3}}{2}$$

$$\tan 30° = \frac{1}{\sqrt{3}}$$

$$\sin 60° = \frac{\sqrt{3}}{2}$$

$$\cos 60° = \frac{1}{2}$$

$$\tan 60° = \sqrt{3}$$

Fformiwlâu

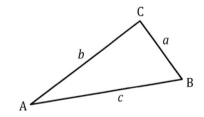

Y rheol sin: $\quad \dfrac{a}{\sin A} = \dfrac{b}{\sin B} = \dfrac{c}{\sin C} \quad$ neu $\quad \dfrac{\sin A}{a} = \dfrac{\sin B}{b} = \dfrac{\sin C}{c}$

Y rheol cosin: $\quad a^2 = b^2 + c^2 - 2bc \cos A$

Arwynebedd triongl $= \dfrac{1}{2} ab \sin C$

Perthnasoedd trigonometrig

$$\tan \theta = \frac{\sin \theta}{\cos \theta}$$

$$\cos^2 \theta + \sin^2 \theta = 1$$

Cwestiynau

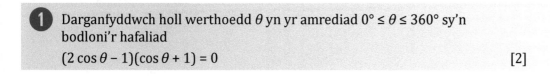

1 Darganfyddwch holl werthoedd θ yn yr amrediad $0° \leq \theta \leq 360°$ sy'n bodloni'r hafaliad

$(2\cos\theta - 1)(\cos\theta + 1) = 0$ [2]

2 Darganfyddwch holl werthoedd θ yn yr amrediad $0° \leq \theta \leq 360°$ sy'n bodloni'r hafaliad

$3\cos^2\theta - \cos\theta - 2 = 0$ [4]

3 Darganfyddwch holl werthoedd θ yn yr amrediad $0° \leq x \leq 360°$ sy'n bodloni:

   (a) $3 \sin \theta = 1$ [2]

   (b) $\tan \theta = \dfrac{\sqrt{3}}{2}$ [2]

   (c) $3 \cos 2\theta = -1$ [2]

   (ch) $2 \cos^2 \theta + \sin \theta - 1 = 0$ [2]

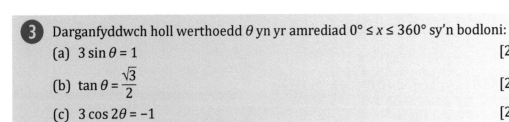

Defnyddiwch naill ai cymesuredd y graff neu ddull CAST i ddarganfod yr onglau. Gwnewch yn siŵr eich bod yn cynnwys yr onglau yn yr amrediad sy'n cael ei nodi'n unig.

4 (a) Darganfyddwch holl werthoedd θ yn yr amrediad $0° \leq \theta \leq 360°$ sy'n bodloni

$$6 \sin^2 \theta + 1 = 2(\cos^2 \theta - \sin \theta).$$

        [6]

   (b) Darganfyddwch holl werthoedd x yn yr amrediad $0° \leq x \leq 180°$ sy'n bodloni

$$\tan (3x - 57°) = -0{\cdot}81.$$

        [4]

   (c) Heb wneud unrhyw gyfrifo, esboniwch pam nad oes gwerthoedd ϕ sy'n bodloni'r hafaliad

$$2 \sin \phi + 4 \cos \phi = -7.$$

        [1]

5 Mae'r diagram ar y dde yn dangos braslun o'r triongl ABC lle mae AB = x cm, BC = $(x + 5)$ cm, AC = 7 cm a cos BAC = $-\frac{3}{5}$.

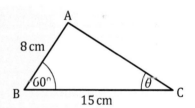

   (a) Ysgrifennwch hafaliad sy'n cael ei fodloni gan x. Trwy hynny, dangoswch fod $x = 15$.   [3]

   (b) Darganfyddwch union werth arwynebedd triongl ABC.   [3]

   (c) Mae pwynt D yn gorwedd ar BC fel bod AD yn berpendicwlar i BC. Darganfyddwch hyd AD.   [2]

6 Yn nhriongl ABC, mae AB = 8 cm, BC = 15 cm a ABC = 60°.

   (a) Cyfrifwch hyd ochr AC.   [2]

   (b) Darganfyddwch faint ongl θ gan roi eich ateb i'r 0.1° agosaf.   [3]

6 Ffwythiannau esbonyddol a logarithmau

Ffeithiau a fformiwlâu hanfodol

Ffeithiau

Logarithm rhif positif i fôn a yw'r pŵer mae'n rhaid i'r bôn gael ei godi iddo er mwyn rhoi'r rhif positif.

$$y = a^x$$

$$\log_a y = x$$

Ar gyfer bôn positif a, os yw $a \neq 1$ mae'r canlynol yn wir:

$$\log_a a = 1, \text{ am fod } a^1 = a$$

$$\log_a 1 = 0, \text{ am fod } a^0 = 1$$

> Rhaid i chi gofio'r ddau hafaliad hyn a rhaid i chi allu eu defnyddio.

Fformiwlâu

Rheolau logarithmau:

$$\log_a x + \log_a y = \log_a (xy)$$

$$\log_a x - \log_a y = \log_a \frac{x}{y}$$

$$\log_a x^k = k \log_a x$$

Cwestiynau

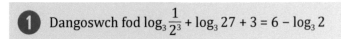

1 Dangoswch fod $\log_3 \dfrac{1}{2^3} + \log_3 27 + 3 = 6 - \log_3 2$ [2]

2 Symleiddiwch $\log_2 36 - \log_2 15 + \log_2 100 + 1$ [2]

3 Mynegwch fel logarithm unigol yn ei ffurf symlaf:

$$3\log_{10} 4 - \frac{1}{2}\log_{10} 64 + 1$$ [3]

4 Os yw a yn rhif cyfan positif, profwch, ar gyfer unrhyw werth a, fod

$$\log_3 a \times \log_a 15 = \log_3 15$$ [3]

5 Datryswch yr hafaliad $2^{3-2x} = 5$ gan roi'r ateb yn gywir i ddau le degol. [3]

6 Datryswch yr hafaliad canlynol gan roi gwerthoedd x i 2 le degol os nad yw'n union gywir.

$$9^x - 5(3^x) + 6 = 0$$ [4]

7 Differu

Ffeithiau a fformiwlâu hanfodol

Ffeithiau

I ddifferu termau mynegiad polynomial:

Lluoswch â'r indecs ac yna lleihau'r indecs gan un (h.y. os yw $y = kx^n$ yna mae'r deilliad $\frac{dy}{dx} = nkx^{n-1}$).

I ddarganfod a yw ffwythiant yn cynyddu neu'n gostwng ar bwynt penodol – differwch y ffwythiant ac yna amnewid cyfesuryn-x y pwynt i mewn i'r mynegiad. Os yw'n bositif, mae'r ffwythiant yn cynyddu, ac os yw'n negatif mae'n gostwng.

Darganfod pwynt arhosol

Rhowch $\frac{dy}{dx} = 0$ a datryswch yr hafaliad sy'n ganlyniad hyn i ddarganfod gwerth neu werthoedd x.

Amnewidiwch werth neu werthoedd x i hafaliad y gromlin i ddarganfod y cyfesuryn(nau)-y cyfatebol.

Darganfod a yw pwynt arhosol yn bwynt macsimwm neu'n bwynt minimwm

Differwch y deilliad cyntaf (h.y. $\frac{dy}{dx}$) i ddarganfod yr ail ddeilliad (h.y. $\frac{d^2y}{dx^2}$) ar bwyntiau arhosol.

Amnewidiwch gyfesuryn-x y pwynt arhosol i'r mynegiad ar gyfer $\frac{d^2y}{dx^2}$ ac edrychwch am yr arwydd. Os yw'n negatif, mae'r pwynt arhosol yn bwynt macsimwm ac os yw'n bositif, yna mae'r pwynt arhosol yn bwynt minimwm.

Os yw $\frac{d^2y}{dx^2} = 0$, yna mae'r canlyniad yn amhendant, a bydd gofyn ymchwilio ymhellach.

Braslunio cromlin

Darganfyddwch y pwyntiau croestorri â'r echelinau-x ac y drwy roi $y = 0$ ac $x = 0$ yn eu tro ac yna datryswch yr hafaliadau sy'n ganlyniad hynny.

Darganfyddwch y pwyntiau arhosol a'u natur (h.y. macsimwm a minimwm).

Plotiwch yr uchod ar set o echelinau.

Fformiwlâu

Os yw $y = kx^n$ yna y deilliad $\frac{dy}{dx} = nkx^{n-1}$

Cwestiynau

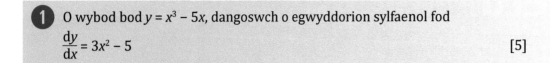

1 O wybod bod $y = x^3 - 5x$, dangoswch o egwyddorion sylfaenol fod

$\dfrac{dy}{dx} = 3x^2 - 5$ [5]

2 O wybod bod $y = \sqrt[3]{x^2} + \dfrac{64}{x}$, darganfyddwch werth $\dfrac{dy}{dx}$ pan fydd $x = 8$. [4]

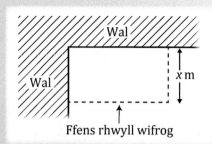

Mae'r diagram uchod yn dangos dwy wal yn ffurfio ochrau corlan ddefaid. Mae ffens rhwyll wifrog (*wire mesh fence*) yn cael ei defnyddio i ffurfio'r ddwy wal arall. Lled y gorlan yw x m. Mae 25 m o ffens rhwyll wifrog yn cael eu defnyddio i ffurfio'r ddwy wal arall.

(a) Dangoswch fod arwynebedd, A m², y gorlan yn cael ei roi gan
   $A = 25x - x^2$. [1]

(b) (i) Darganfyddwch werth x a fydd yn gwneud arwynebedd y gorlan yn werth macsimwm. [2]

   (ii) Darganfyddwch werth macsimwm A. [1]

 Darganfyddwch yr amrediad o werthoedd lle mae'r ffwythiant

$$f(x) = \frac{x^3}{3} - x^2 - 8x + 3 \qquad \text{yn ffwythiant lleihaol.} \quad [5]$$

8 Integru

Ffeithiau a fformiwlâu hanfodol

Ffeithiau

Mae myfyrwyr yn aml yn colli marciau am eu bod nhw'n differu yn lle integru.
Ffordd arall maen nhw'n colli marciau yw drwy anghofio cynnwys cysonyn integru, c.

$$\int x^n \, dx = \frac{x^{n+1}}{n+1} + c \quad \text{(os yw } n \neq -1\text{)}$$

$$\int kx^n \, dx = \frac{kx^{n+1}}{n+1} + c \quad \text{(os yw } n \neq -1\text{)}$$

Mae integrynnau yn y ffurf $\int_a^b y \, dx$ yn cael eu galw'n integrynnau pendant
oherwydd y bydd y canlyniad yn ateb pendant, rhif fel arfer, heb gysonyn integru.

Integru pendant fel yr arwynebedd o dan gromlin

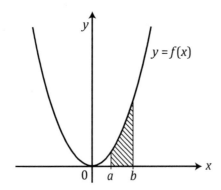

Rhanbarth wedi'i dywyllu = $\int_a^b y \, dx$ lle a a b yw'r terfannau.

Mae integryn pendant yn bositif ar gyfer arwynebedd uwchben yr echelin-x ac yn
negatif ar gyfer arwynebedd islaw'r echelin-x.

Rhaid i arwynebedd terfynol bob amser gael ei roi fel gwerth positif.

Cwestiynau

1 Darganfyddwch $\int (5x^4 + 4x^3 - 2x^2 + x - 1)dx$ [2]

2 Darganfyddwch $\int (x - 1)(x + 8)dx$ [2]

3 Os yw $y = \int (3x^2 - 10x + 4)dx$, darganfyddwch yr integryn os yw'n hysbys bod $y = 4$ pan fydd $x = 2$. [3]

4 Darganfyddwch $\int \left(\dfrac{x^2}{5} + \dfrac{x}{2} \right)dx$ [2]

5 Darganfyddwch $\int_0^1 \frac{2}{3}(5x - 6)dx$. [3]

6 (a) Brasluniwch gromlin yr hafaliad $y = x^2 - 4$ gan ddangos y pwyntiau lle mae'r gromlin yn croestorri'r echelin-x. [2]

   (b) Darganfyddwch $\int_2^3 (x^2 - 4)dx$ a $\int_0^2 (x^2 - 4)dx$. [4]

   (c) Esboniwch pam mae un o'r integrynnau hyn yn bositif a'r llall yn negatif. [1]

(a) Darganfyddwch = $\int\left(\dfrac{3}{\sqrt[4]{x}} - 9x^{\frac{5}{2}}\right)dx$ [2]

(b) Mae'r rhanbarth R wedi'i amgáu gan y gromlin $y = 2x^2 + \dfrac{6}{x^2}$, yr

echelin-x a'r llinellau $x = 1$, $x = 4$. Darganfyddwch arwynebedd R. [5]

8 Ffwythiant graddiant cromlin yw $\frac{dy}{dx} = x^2 + 2x - 8$. Mae'r gromlin yn mynd drwy'r pwynt P(3, 0).

(a) Dangoswch mai hafaliad y gromlin yw $\frac{x^3}{3} + x^2 - 8x + 6$.   [3]

(b) Darganfyddwch gyfesurynnau pwyntiau arhosol y gromlin hon.   [3]

(c) Brasluniwch y gromlin gan ddangos y pwyntiau arhosol a'r rhyngdoriad ar yr echelin-y.   [3]

9

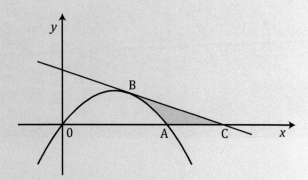

Mae'r diagram uchod yn dangos braslun o'r gromlin $y = 3x - x^2$. Mae'r gromlin yn croestorri'r echelin-x yn y tarddbwynt ac yn y pwynt A. Mae'r tangiad i'r gromlin yn y pwynt B(2, 2) yn croestorri'r echelin-x yn y pwynt C.

(a) Darganfyddwch hafaliad y tangiad i'r gromlin yn B.　　　　[4]

(b) Darganfyddwch arwynebedd y rhanbarth sydd wedi'i dywyllu.　　[8]

9 Fectorau

Ffeithiau a fformiwlâu hanfodol

Ffeithiau

Mae gan fectorau faint a chyfeiriad, ond maint yn unig sydd gan sgalarau.

Fformiwlâu

Yr amod fel bod dau fector yn baralel

I ddau fector **a** a **b** fod yn baralel

   a = k**b**   lle mae k yn sgalar

Maint fector

Mae gan y fector **r** = a**i** + b**j** faint sy'n cael ei roi gan $|\mathbf{r}| = \sqrt{a^2 + b^2}$

Y pellter rhwng dau bwynt

Mae'r pellter rhwng dau bwynt A(x_1, y_1) a B(x_2, y_2) yn cael ei roi gan

$$d = \sqrt{(x_2 - x_1)^2 + (y_2 - y_1)^2}$$

Fector safle pwynt sy'n rhannu llinell yn ôl cymhareb benodol

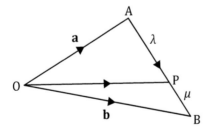

Mae gan y pwynt P sy'n rhannu AB yn ôl y gymhareb $\lambda : \mu$ fector safle $\overrightarrow{OP}$ lle mae

$$\overrightarrow{OP} = \frac{\mu\mathbf{a} + \lambda\mathbf{b}}{\lambda + \mu}$$

Cwestiynau

1 Mae'r fectorau **a** a **b** wedi'u diffinio gan **a** = 4**i** – 3**j**, **b** = –2**i** + 5**j** .

(a) Darganfyddwch y fector 2**a** – **b** [1]

(b) Fectorau **a** a **b** yw fectorau safle'r pwyntiau A a B yn ôl eu trefn. Darganfyddwch hyd llinell AB. [3]

2 Mae fectorau safle'r pwyntiau A a B yn cael eu rhoi gan

a = **i** + 3**j**   **b** = 3**i** + 4**j**   yn ôl eu trefn.

(a) Ysgrifennwch y fector **AB**. [1]

(b) Darganfyddwch union faint y fector **AB**. [2]

3 Mae fectorau safle'r pwyntiau A, B ac C yn cael eu rhoi gan
   $$\mathbf{a} = \mathbf{i} + 2\mathbf{j} \quad \mathbf{b} = 2.5\mathbf{i} + 3\mathbf{j} \quad \mathbf{c} = 4.5\mathbf{i} \quad \text{yn ôl eu trefn.}$$

   (a) Darganfyddwch a yw'r llinellau AB a BC yn berpendicwlar neu beidio,
      gan roi rheswm dros eich ateb. [2]

   (b) Ysgrifennwch y fector **AC**. [2]

4 Mae fectorau safle'r pwyntiau A a B yn cael eu rhoi gan
   $$\mathbf{a} = -2\mathbf{i} - \mathbf{j} \quad \mathbf{b} = 4\mathbf{i} + \mathbf{j} \quad \text{yn ôl eu trefn.}$$

   (a) Ysgrifennwch y fector **AB**. [1]

   (b) Mae gan bwyntiau C a D y cyfesurynnau (3, 4) a (−3, 2) yn ôl eu trefn.
      Profwch fod llinellau AB a DC yn baralel a'u bod yr un hyd. [3]

5 Mae dau fector **a** a **b** wedi'u diffinio fel hyn: $a = 9i - 2j$ $b = -3i + 3j$

(a) (i) Darganfyddwch y fector $2a - 3b$ [2]

(ii) Fectorau **a** a **b** yw fectorau safle'r pwyntiau P a Q yn ôl eu trefn.
Darganfyddwch hyd y llinell PQ. [2]

(b) Mae dwy long T ac U ar bellter o 10 km ar wahân. Mae fectorau safle'r
llongau T ac U wedi'u nodi â **t** ac **u** yn ôl eu trefn.

(i) Mae goleudy S yn gorwedd ar y llinell rhwng T ac U ar bellter o
2 km o U. Darganfyddwch fector safle S yn nhermau **t** ac **u**. [2]

(ii) Mae gan graig fector safle $\frac{3}{5}u + \frac{1}{5}t$.
Esboniwch pam na all y graig fod ar y llinell syth sy'n uno T ac U. [3]

6 A yw'r pwynt sydd â fector safle **a** = –4**i** – 11**j** a B yw'r pwynt sydd â fector safle **b** = 8**i** – 6**j**, y ddau mewn perthynas â'r tarddbwynt O.

(a) Darganfyddwch **AB** yn nhermau **i** a **j**. [2]

(b) Darganfyddwch *AB*, maint y fector **AB**. [2]

(c) Os **m** yw fector safle canolbwynt AB, darganfyddwch **m** yn nhermau **i** a **j**. [3]

7 Mae A, B, C yn dri phwynt sy'n cael eu rhoi gan fectorau safle $a = 2i + 3j$, $b = 14i - 2j$, $c = -8i + 3j$ mewn perthynas â'r tarddbwynt O.

(a) Darganfyddwch **AB** yn nhermau **i** a **j**. [1]

(b) Darganfyddwch AB, maint **AB**. [2]

(c) Darganfyddwch fector safle M, canolbwynt BC. [3]

(ch) Darganfyddwch fector safle y pwynt P sy'n rhannu AC yn ôl y gymhareb 3 : 7. [3]

1 Samplu ystadegol

Ffeithiau a fformiwlâu hanfodol

Ffeithiau

Poblogaeth – holl aelodau'r set sy'n cael ei hastudio neu mae data'n cael eu casglu amdani.

Sampl – is-set lai o'r boblogaeth sy'n cael ei defnyddio i ddod i gasgliadau am y boblogaeth.

Technegau samplu

Hapsamplu syml – caiff rhif ei roi i bob eitem yn y boblogaeth, yna bydd nifer yr eitemau sydd eu hangen yn cael eu dewis ar hap gan ddefnyddio cyfrifiannell, rhaglen, gwefan.

Samplu systematig – caiff y cyfwng samplu ei ddarganfod drwy rannu maint y boblogaeth â maint y sampl sydd ei angen. Yna, rydych chi'n dewis haprif sydd ym maint y sampl hwn ac yn cychwyn o'r haprif hwnnw fel yr eitem gyntaf yn y sampl. Yna, rydych chi'n adio'r cyfwng samplu at yr haprif i gael y rhif nesaf yn y sampl. Bydd hyn yn cael ei ailadrodd nes bod y sampl sydd ei angen gennych chi.

Samplu cyfle – yma byddwch yn penderfynu ar faint y sampl ac yn defnyddio'r ffordd fwyaf cyfleus o gasglu'r sampl (e.e. ffrindiau, perthnasau, cyd-ddisgyblion, cydweithwyr, etc.).

Cwestiynau

1. Mae ysgol uwchradd o 2000 o ddisgyblion yn dymuno newid oriau'r diwrnod ysgol. Cyn gwneud penderfyniad, hoffai'r pennaeth holi barn y myfyrwyr.

   (a) Esboniwch, yn y cyd-destun hwn, y gwahaniaeth rhwng sampl a phoblogaeth.   [2]

   (b) Mae'r pennaeth eisiau defnyddio sampl cynrychioliadol o 200 o fyfyrwyr. Byddai gofyn i'r myfyrwyr hyn lenwi holiadur byr.

      (i) Esboniwch sut gallai hapsampl syml o 200 o fyfyrwyr gael ei greu.   [2]

      (ii) Rhowch un fantais ac un anfantais defnyddio hapsamplu syml.   [2]

   (c) Mae'r dirprwy bennaeth yn awgrymu gallai samplu systematig gael ei ddefnyddio yn hytrach na hapsamplu syml.

      (i)   Os oes angen 200 o fyfyrwyr ar gyfer y sampl, cyfrifwch y cyfwng samplu.   [1]

      (ii) Esboniwch sut mae'r cyfwng samplu'n cael ei ddefnyddio i ddewis y 200 o fyfyrwyr yn y sampl.   [2]

      (iii) Rhowch un fantais ac un anfantais defnyddio samplu systematig.   [2]

Mae John eisiau agor siop goffi newydd mewn ardal lle nad oes un ar hyn o bryd. Mae ei ffrind yn berchen ar siop goffi lwyddiannus mewn ardal wahanol, ac mae wedi cynnig helpu John i benderfynu beth i'w gynnig o ran diodydd a byrbrydau. Mae eu system gyfrifiadurol yn cofnodi pob gwerthiant a beth a archebwyd, felly dyma nhw'n argraffu archebion 500 o gwsmeriaid. Mae John yn penderfynu cymryd hapsampl o archebion 50 o gwsmeriaid i'w dadansoddi.

Disgrifiwch sut gallai John greu ei hapsampl. [3]

3 Mae bod yn figan (*vegan*) yn gynyddol boblogaidd ymysg pobl ifanc. Hoffai'r athrawes Fioleg wybod beth yw barn ei myfyrwyr am ddiet figan.

Gofynnodd yr athrawes i'w 30 o ddisgyblion ar raddfa o 1 i 5 pa mor debygol oedd hi y bydden nhw'n newid i ddiet figan yn y ddwy flynedd nesaf. Ar y raddfa, mae 1 yn golygu 'yn annhebygol iawn' ac mae 5 ar y raddfa yn golygu 'yn bendant'.

Dyma'r sgorau'r 30 o fyfyrwyr.

1, 1, 3, 1, 5, 4, 2, 4, 3, 1, 5, 1, 5, 3, 2, 1, 5, 3, 4, 4, 1, 2, 5, 3, 4, 5, 1, 1, 2, 3

(a) Gan gymryd sampl cyfle o'r 10 rhif cyntaf ar y rhestr, cyfrifwch y sgôr gymedrig. [1]

(b) Caiff sampl systematig ei chreu o 5 gwerth data

    (i) Cyfrifwch y cyfwng samplu. [2]

    (ii) Dewiswyd haprif yn y cyfwng samplu, a 5 oedd y rhif. Gan ddefnyddio'r gwerth hwn, ysgrifennwch y rhestr o werthoedd data yn y sampl. [2]

    (iii) Gan ddefnyddio'r rhestr o (ii), cyfrifwch y sgôr gymedrig. [1]

(c) Esboniwch y gwahaniaeth yn y cymedrau a gafwyd gan ddefnyddio'r ddau ddull samplu. [2]

(ch) Cymharwch fanteision ac anfanteision samplu systematig a samplu cyfle. [4]

2 Cyflwyno a dehongli data

Ffeithiau a fformiwlâu hanfodol

Ffeithiau

Histogramau

Nid oes bylchau rhwng y barrau ac uchder pob bar yw'r dwysedd amlder.

Mae arwynebedd y bar yn hafal i'r amlder, lle mae:

Amlder (arwynebedd y bar) = dwysedd amlder × lled y dosbarth

Graffiau blwch

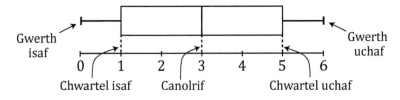

Cyfrifo'r cymedr

Ar gyfer **set o werthoedd**, cymedr, $\mu = \dfrac{\sum x_i}{n}$, lle $\sum x_i$ yw swm yr holl werthoedd unigol ac n yw nifer y gwerthoedd.

Ar gyfer **dosraniad amlder**, cymedr, $\mu = \dfrac{\sum f x_i}{\sum f}$, lle $\sum f x_i$ yw swm holl werthoedd x, a phob un wedi'i luosi â'i amlder, f, a $\sum f$ yw swm yr holl amlderau.

Cyfrifo'r modd – y modd yw'r gwerth(oedd) neu'r dosbarth sy'n digwydd amlaf.

Cyfrifo'r canolrif – y canolrif yw'r gwerth yn y canol pan fydd y gwerthoedd data wedi'u rhoi yn nhrefn maint. Y canolrif yw'r $\dfrac{n+1}{2}$ fed gwerth.

Mesurau amrywiad canolog (amrywiant, gwyriad safonol, amrediad ac amrediad rhyngchwartel)

Gallwn ddefnyddio'r mesurau canlynol o wasgariad y data:

Amrediad

Y gwahaniaeth rhwng y gwerth mwyaf a'r gwerth lleiaf mewn set o ddata.

Amrediad rhyngchwartel (IQR)

Y gwahaniaeth rhwng y chwartel uchaf (Q3) a'r chwartel isaf (Q1)

Felly   IQR = Q3 – Q1

Amrywiant

Amrywiant = $\dfrac{\sum (x_i - \mu)^2}{n}$ lle $\sum (x_i - \mu)^2$ yw swm sgwariau'r gwahaniaethau rhwng pob gwerth yn y set a'r cymedr μ ac n yw cyfanswm nifer y gwerthoedd.

Y **fformiwla ar gyfer amrywiant wedi'i symleiddio** yw, Amrywiant = $\dfrac{\sum x_i^2}{n} - \left(\dfrac{\sum x_i}{n}\right)^2$

lle $\dfrac{\sum x_i^2}{n}$ yw cymedr sgwariau'r gwerthoedd

a $\left(\dfrac{\sum x_i}{n}\right)^2$ yw sgwâr cymedr y gwerthoedd

Gwyriad safonol (σ)

Y gwyriad safonol (σ) yw ail isradd yr amrywiant, felly

$$\sigma = \sqrt{\dfrac{\sum (x_i - \mu)^2}{n}} \qquad \text{neu} \qquad \sigma = \sqrt{\dfrac{\sum x_i^2}{n} - \left(\dfrac{\sum x_i}{n}\right)^2}$$

Cwestiynau

1 Dyma rai gosodiadau ynglŷn â chyflwyno a dehongli data.

Mae'n rhaid i chi benderfynu a yw pob gosodiad yn gywir neu'n anghywir.

	Cywir	Anghywir	
(a) Mae data meintiol bob amser yn rhifiadol.	☐	☐	[1]
(b) Gall data arwahanol gymryd pob gwerth.	☐	☐	[1]
(c) Mewn graffiau bar, mae data meintiol ar yr echelin-x.	☐	☐	[1]
(ch) Mae uchder bar mewn graff bar yn cynrychioli'r amlder.	☐	☐	[1]
(d) Mewn histogramau, mae bylchau rhwng y barrau.	☐	☐	[1]
(dd) Mae gwerthoedd rhifiadol ar ddwy echelin histogram.	☐	☐	[1]
(e) Mae lled barrau histogramau bob amser yn anhafal.	☐	☐	[1]
(f) Mae arwynebedd bar mewn histogram yn cynrychioli'r dwysedd amlder.	☐	☐	[1]

2 Dyma rai gosodiadau ynglŷn â chyflwyno a dehongli data.

Mae'n rhaid i chi benderfynu a yw pob gosodiad yn gywir neu'n anghywir.

	Cywir	Anghywir	
(a) Mae dosraniad sydd â sgiw bositif wedi'i sgiwio i'r dde.	☐	☐	[1]
(b) Nid oes sgiw mewn dosraniad sy'n berffaith gymesur.	☐	☐	[1]
(c) Mae i graff gwasgariad sydd â chydberthyniad negatif raddiant positif.	☐	☐	[1]
(ch) Mae'r modd, y cymedr a'r gwyriad safonol i gyd yn fesurau canolduedd.	☐	☐	[1]
(d) Yr amrediad rhyngchwartel yw gwasgariad hanner canol y data pan fydd y data wedi'u trefnu yn nhrefn maint.	☐	☐	[1]

3 Aeth ymchwilydd ati i gasglu data am daldra a lled breichiau mewn cm ymhlith 41 o bobl.

(a) Defnyddiwyd y parau o werthoedd i lunio graff gwasgariad (ar y dde) o 'taldra'r ymatebydd mewn cm' yn erbyn 'lled breichiau'r ymatebydd mewn cm'.

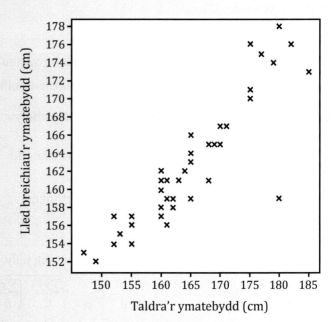

(i) Gwnewch sylw am y cydberthyniad rhwng 'taldra'r ymatebydd' a 'lled breichiau'r ymatebydd'. [1]

(ii) Dehonglwch y cydberthyniad rhwng 'taldra'r ymatebydd' a 'lled breichiau'r ymatebydd' yn y cyd-destun hwn. [1]

(b) Yr hafaliad atchwel ar gyfer y set o ddata a ddefnyddiwyd i lunio'r graff gwasgariad hwn yw:

'Taldra'r ymatebydd' = 54.8 − 0.654 × 'Lled breichiau'r ymatebydd'.

(i) Dehonglwch raddiant yr hafaliad atchwel ar gyfer y model hwn. [1]

(ii) Mae un o'r pwyntiau yn allanolyn. Rhowch gylch o amgylch yr allanolyn ar y graff ac esboniwch yr effaith byddai dileu'r allanolyn hwn yn ei gael ar gymedr taldra'r ymatebydd a chymedr lled breichiau'r ymatebydd. [3]

(iii) Nodwch, gan roi rheswm, a fyddai'r model atchwel yn ddefnyddiol i ragweld y taldra ar gyfer baban sydd â lled breichiau 20 cm. [1]

(iv) Nodwch a yw'r berthynas rhwng 'taldra'r ymatebydd' a 'lled breichiau'r ymatebydd' yn achosol ar gyfer oedolyn. Esboniwch eich ateb. [1]

4 Dyma'r marciau mewn arholiad Mathemateg ar gyfer 10 o fechgyn a 10 o ferched:

Marciau'r merched: 20, 41, 72, 24, 55, 40, 63, 85, 60, 62

Marciau'r bechgyn: 61, 40, 15, 21, 90, 62, 34, 40, 60, 53

(a) Mae'r tabl canlynol wedi'i lenwi'n rhannol â chrynodeb o ystadegau ar gyfer y ddwy set o ddata. Cwblhewch y tabl hwn.

Crynodeb o ystadegau	Bechgyn	Merched
Chwartel isaf		36
Canolrif		57.5
Chwartel uchaf		65.25
Marc uchaf		85
Marc isaf		20
Cymedr		52.2
Amrediad		65
Amrediad rhyngchwartel		29.25

[5]

(b) Mae'r diagram blwch a blewyn (ar y dde) wedi'i lunio ar gyfer y merched gan ddefnyddio rhai o'r ystadegau o'r crynodeb o ystadegau.

Ar y papur graff isod, lluniadwch ddiagram blwch a blewyn ar gyfer marciau'r bechgyn. [2]

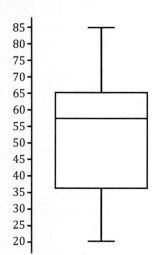

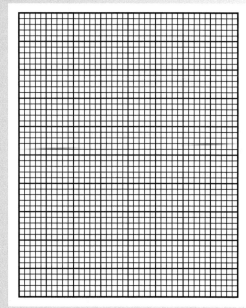

(c) Cymharwch a chyferbynnwch y ddwy set o ddata. [3]

3 Tebygolrwydd

Ffeithiau a fformiwlâu hanfodol

Ffeithiau

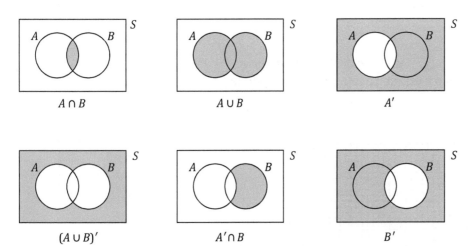

Digwyddiadau annibynnol – pan nad yw un digwyddiad yn digwydd yn newid tebygolrwydd y bydd digwyddiad arall yn digwydd.

Digwyddiadau dibynnol – pan fydd un digwyddiad yn digwydd yn newid tebygolrwydd y bydd digwyddiad arall yn digwydd.

Digwyddiadau cydanghynhwysol – digwyddiadau lle gall y naill ddigwyddiad neu'r llall ddigwydd, ond nid y ddau ar yr un adeg.

Fformiwlâu

Y ddeddf adio gyffredinol: $P(A \cup B) = P(A) + P(B) - P(A \cap B)$

Y ddeddf adio ar gyfer digwyddiadau cydanghynhwysol: $P(A \cup B) = P(A) + P(B)$

Y ddeddf luosi ar gyfer digwyddiadau annibynnol: $P(A \cap B) = P(A) \times P(B)$

Cwestiynau

1 Mae dau ddigwyddiad annibynnol A a B fel bod $P(A) = 0.5$, $P(B) = 0.2$ a $P(A \cup B) = 6 \times P(A \cap B)$.

(a) Esboniwch, drwy roi enghraifft o'r ddau, y gwahaniaeth rhwng digwyddiadau cydanghynhwysol a digwyddiadau annibynnol. [4]

(b) Darganfyddwch $P(A \cap B)$. [1]

(c) Darganfyddwch $P(A \cup B)$. [1]

2 Mae digwyddiadau A a B fel bod $P(A) = 0.25$, $P(A \cup B) = 0.4$. Enrhifwch $P(B)$ pan fydd:

(a) A, B yn gydanghynhwysol. [2]

(b) A, B yn annibynnol. [3]

3 Mae'r digwyddiadau A a B fel bod
$P(A) = 0.2$, $P(B) = 0.5$, $P(A \cup B) = 0.65$.

(a) Darganfyddwch a yw A a B yn annibynnol neu beidio. [3]

(b) Esboniwch arwyddocâd y canlyniad. [1]

4 Mae dau ddigwyddiad A a B fel bod $P(A) = 0.35$ a $P(B) = 0.45$.
Darganfyddwch werth $P(A \cup B)$ pan fydd

(a) A, B yn gydanghynhwysol [2]

(b) A, B yn annibynnol [2]

(c) $A \subset B$ [1]

5 Mae digwyddiadau annibynnol A, B fel bod $P(A) = 0.2$, $P(A \cup B) = 0.5$.

(a) Darganfyddwch werth $P(B)$. [4]

(b) Cyfrifwch y tebygolrwydd y bydd un yn union o ddigwyddiadau A, B yn digwydd. [3]

4 Dosraniadau ystadegol

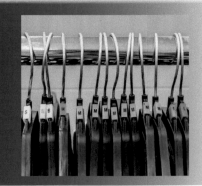

Ffeithiau a fformiwlâu hanfodol

Ffeithiau

Defnyddiwch y dosraniad binomaidd pan fydd y canlynol gennych:

- Profion annibynnol
- Profion lle mae tebygolrwydd cyson o lwyddiant
- Nifer penodol o brofion (h.y. mae n yn hysbys)
- Llwyddiant neu fethiant yn unig

Defnyddiwch ddosraniad Poisson yn frasamcan o'r dosraniad binomaidd pan fydd:

- n yn fawr (> 50 fel arfer)
- p yn fach (< 0.1 fel arfer)

Y dosraniad unffurf arwahanol

Mae hwn yn ddosraniad lle mae pob canlyniad yr un mor debygol.
Felly os oes N o ganlyniadau posibl, tebygolrwydd canlyniad penodol $= \frac{1}{N}$.

Fformiwlâu

Y dosraniad binomaidd

Ar gyfer nifer penodol o brofion, n, a phob un â thebygolrwydd p o ddigwydd, mae'r tebygolrwydd o x o lwyddiannau yn cael ei roi gan:

$$P(X = x) = \binom{n}{x} p^x (1 - p)^{n-x}$$

Os oes gan X y dosraniad B(n, p), yna mae'r cymedr = np

Y dosraniad Poisson

Mewn cyfwng penodol, mae'r tebygolrwydd y bydd digwyddiad X yn digwydd x o weithiau yn cael ei roi gan y fformiwla ganlynol:

$$P(X = x) = e^{-\lambda} \frac{\lambda^x}{x!} \qquad \text{lle mae'r cymedr, } \mu = \lambda.$$

Cwestiynau

1 Gall y dosraniad binomaidd gael ei ddefnyddio i fodelu gwahanol sefyllfaoedd. Dyma rai modelau. Mae'n rhaid i chi benderfynu, gan roi rheswm, a yw'r dosraniad binomaidd yn fodel addas neu beidio.

(a) Modelu nifer o dafliadau dis nes bod y rhif chwech yn cael ei daflu. [1]

(b) Modelu dewis gwahanol niferoedd o beli coch, pan nad yw'r peli sy'n cael eu dewis yn cael eu rhoi yn ôl yn y bag. I gychwyn, mae 6 phêl goch a 4 pêl ddu yn y bag. [1]

(c) Modelu nifer y bylbiau diffygiol sydd mewn swp o 20 o fylbiau os yw'n hysbys mai'r tebygolrwydd o ddewis bwlb diffygiol yw 0.03. [1]

(ch) Modelu'r nifer o weithiau mae llygad y tarw'n cael ei daro mewn gem o ddartiau pan gaiff 40 o ddartiau eu taflu at lygad y tarw, os y tebygolrwydd o daro llygad y tarw yw 0.12. [1]

(d) Modelu nifer y gwydrau sydd wedi torri mewn swp o 50 o wydrau gwin sy'n cael eu cludo gan gwmni dosbarthu. [1]

(dd) Modelu nifer y bylbiau lili wen fach sy'n blodeuo o blith 15 bwlb sy'n cael eu plannu os tebygolrwydd unigol bod bwlb yn blodeuo yw 0.7. [1]

2 Tebygolrwydd bod yn llaw chwith yw 0.09. Darganfyddwch y tebygolrwydd mewn hapsampl o ddeg o bobl:

   (a) Bod eu hanner yn union yn llaw chwith. [2]

   (b) Nad oes yr un ohonyn nhw'n llaw chwith. [1]

   (c) Bod mwy na 5 ohonyn nhw'n llaw chwith. [2]

   (ch) Nodwch un dybiaeth rydych chi wedi'i gwneud yn eich holl atebion. [1]

3 Pan gaiff bylbiau lili wen fach eu plannu yn yr hydref, mae tebygolrwydd o 0.65 y bydd bwlb unigol yn tyfu, yn annibynnol ar y bylbiau lili wen fach eraill.

   (a) Os oes clwstwr o 30 o fylbiau'n cael eu plannu yn yr hydref, darganfyddwch y tebygolrwydd y bydd

     (i) 20 yn union ohonyn nhw'n tyfu. [2]

     (ii) o leiaf 15 ohonyn nhw'n tyfu. [2]

   (b) Mae n bwlb yn cael eu plannu yn yr hydref a'r tebygolrwydd y byddan nhw i gyd yn tyfu yw 0.005688.

     Darganfyddwch werth n. [4]

4 (a) Mae gan yr hapnewidyn X y dosraniad binomaidd B(25, 0.8).

    (i) Heb ddefnyddio tablau, cyfrifwch $P(X = 10)$ gan roi eich ateb fel degolyn i 3 ffigur ystyrlon.

    (ii) Darganfyddwch $P(10 \leq X \leq 15)$. [5]

  (b) Mae gan yr hapnewidyn Y y dosraniad binomaidd B(300, 0.04).

    Defnyddiwch y dosraniad Poisson i ddarganfod bras werth $P(Y = 5)$. [3]

5 Pan fydd Jack yn teipio tudalen o ddogfen, gall nifer y gwallau mae'n eu gwneud gael eu modelu gan ddosraniad Poisson, cymedr 0.8. Mae'n teipio dogfen 10 tudalen. Darganfyddwch y tebygolrwydd y bydd cyfanswm nifer y gwallau yn llai na 5. [3]

6 Mewn ffatri, mae gan nifer y cydrannau sy'n cael eu gwrthod mewn unrhyw gyfwng amser o t awr ddosraniad Poisson, cymedr $0.1t$.

Heb ddefnyddio tablau, darganfyddwch y tebygolrwydd mai nifer y cydrannau sy'n cael eu gwrthod yn y 15 cyntaf ar ôl cychwyn y peiriant yw

(a) 2,   [3]

(b) mwy na 2.   [3]

7 Mae peiriant yn cymysgu toes a resins i wneud bisgedi. Mae talp o'r toes hwn yn cael ei gymysgu'n drylwyr ac yna'n cael ei sleisio i greu'r bisgedi. Cafodd cant o fisgedi eu gwneud, ac roedden nhw'n cynnwys cyfanswm o 400 o resins. Mae'n cael ei dybio bod y resins wedi'u dosbarthu ar hap ar draws yr holl fisgedi.

(a) Beth yw'r tebygolrwydd, er gwaetha'r rhagofalon i gyd, fod un neu fwy o'r bisgedi o'r talp heb fod yn cynnwys yr un resin o gwbl?   [2]

(b) Faint o resins ddylai gael eu rhoi yn y talp o does er mwyn bod 99% yn siŵr nad oes yr un fisged yn cael ei gwneud heb unrhyw resins o gwbl?   [4]

8 Mae swyddfa fach sy'n ymdrin â hawliadau yswiriant ar gyfartaledd yn cael 2.5 galwad ffôn rhwng 12 pm ac 1 pm ar ddiwrnodau'r wythnos. Mae rheolwr y swyddfa yn gwybod o brofiad y gall y staff sydd ar gael yn ystod yr amser hwn ymdopi â hyd at 5 galwad yr awr. I wirio, hoffai'r rheolwr ddarganfod y tebygolrwydd y bydd 6 galwad yn cael eu derbyn yn ystod diwrnod penodol. Darganfyddwch y tebygolrwydd hwn.   [3]

9 Mae swolegydd yn astudio brid penodol o gi.

(a) O brofiad, mae'n gwybod mai'r tebygolrwydd y bydd ci bach newydd anedig yn fenyw yw 0.55. Mae'n dewis hapsampl o 20 o gŵn bach newydd anedig. Cyfrifwch y tebygolrwydd y bydd nifer y benywod yn y sampl:

   (i) yn 12 yn union,

   (ii) rhwng 8 ac 16 (gan gynnwys 8 ac 16).   [8]

(b) Y tebygolrwydd y bydd ci bach newydd anedig yn felyn yw 0.05. Defnyddiwch frasamcan o ddosraniad i ddarganfod y tebygolrwydd y bydd llai na 5 o hapsampl o 60 o gŵn bach newydd anedig yn felyn.   [3]

10 Mae nifer y cleifion brys sydd â'r ddannodd (*toothache*), ac mae angen eu gweld mewn deintyddfa bob dydd yn gallu cael ei fodelu gan ddosraniad Poisson, cymedr 8.

Darganfyddwch y tebygolrwydd, ar ddiwrnod sy'n cael ei hapddewis, fod nifer yr achosion brys sy'n cael eu gweld:

(a) yn 7 yn union   [2]

(b) yn llai na 10.   [2]

5 Profi rhagdybiaethau ystadegol

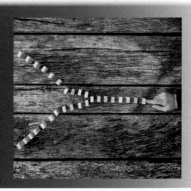

Ffeithiau a fformiwlâu hanfodol

Ffeithiau

Profi rhagdybiaethau

Mae profion rhagdybiaethau yn cael eu defnyddio i brofi rhagdybiaeth ynglŷn â thebygolrwydd y nifer o weithiau (X) mae nodwedd benodol yn ymddangos.

Mae'r ystadegyn prawf X yn cael ei fodelu gan ddosraniad binomaidd $B(n, p)$ lle p yw'r tebygolrwydd y bydd digwyddiad yn digwydd mewn un prawf, ac n yw cyfanswm nifer y profion.

Rhagdybiaeth nwl a rhagdybiaeth arall

Rhagdybiaeth nwl $\mathbf{H}_0 : p$ = gwerth

Rhagdybiaeth arall ar gyfer prawf 1-gynffon yw $\mathbf{H}_1 : p <$ gwerth neu $\mathbf{H}_1 : p >$ gwerth

Rhagdybiaeth arall ar gyfer prawf dwygynffon yw $\mathbf{H}_1 : p \neq$ gwerth

Lefel arwyddocâd

Gan dybio fod y rhagdybiaeth nwl yn gywir, mae'r lefel arwyddocâd yn nodi pa mor annhebygol mae angen i werth fod cyn bod y rhagdybiaeth nwl $\mathbf{H}_0$ yn cael ei gwrthod.

Gall y lefel arwyddocâd ar gyfer y testun hwn fod yn 1% ($\alpha = 0.01$), 5% ($\alpha = 0.05$) neu'n 10% ($\alpha = 0.1$).

Y gwerth critigol a'r rhanbarth critigol

Yma, rydych chi'n defnyddio'r lefel arwyddocâd ynghyd â gwerthoedd n a p i ddarganfod y set o werthoedd X a fyddai'n achosi i'r rhagdybiaeth nwl gael ei gwrthod.

Ym mhob un o'r achosion canlynol, rydyn ni'n cymryd mai 5% yw'r lefel arwyddocâd, ond gall hyn gael ei newid i 1% neu 10% neu unrhyw lefel arwyddocâd arall.

Os yw $\mathbf{H}_0$ yn cynnwys arwydd <, y rhanbarth critigol fydd y 5% isaf o werthoedd X (h.y. yn y gynffon isaf), felly defnyddiwch y tablau a dewch o hyd i'r gwerth-p cyntaf yn y golofn sy'n fwy na 0.05 a dewiswch y gwerth X **cyn** hynny. Dyma'r gwerth critigol, a, a'r rhanbarth critigol fydd $X \leq a$.

Os yw $\mathbf{H}_0$ yn cynnwys arwydd >, y rhanbarth critigol fydd y 5% uchaf o werthoedd X (h.y. yn y gynffon uchaf), felly defnyddiwch y tablau a dewch o hyd i'r gwerth-p cyntaf yn y golofn sy'n fwy na 0.05 a dewiswch y gwerth X **ar ôl** hynny. Dyma'r gwerth critigol, a, a'r rhanbarth critigol fydd $X \geq a$.

Os yw H_0 yn cynnwys arwydd ≠, y rhanbarth critigol fydd y 2.5% uchaf a'r 2.5% isaf o werthoedd (h.y. yn y cynffonau uchaf ac isaf). Rydyn ni'n defnyddio'r technegau sydd wedi'u hamlinellu yn y ddau baragraff blaenorol i ddod o hyd i'r ddau werth critigol a'r rhanbarthau critigol yn y naill gynffon a'r llall.

Gwallau math I a math II

Gwall math I – Mae gwall math I yn cael ei wneud pan fyddwch, yn anghywir, yn gwrthod rhagdybiaeth nwl sy'n gywir.

Gwall math II – Mae gwall math II yn cael ei wneud pan fyddwch yn methu gwrthod rhagdybiaeth nwl sy'n anghywir

Gwerthoedd-*p*

Y gwerth-*p* yw'r tebygolrwydd y bydd y canlyniad a arsylwyd neu ganlyniad mwy eithafol yn digwydd o dan y rhagdybiaeth nwl.

Gan dybio mai dosraniad tebygolrwydd X yw B(n, p) mae modd dod o hyd i'r tebygolrwydd o gael gwerth (sy'n cael ei alw'n werth-*p*) yr ystadegyn prawf neu werth mwy eithafol gan ddefnyddio tablau. Os yw'r gwerth hwn yn llai na neu'n hafal i'r lefel arwyddocâd, mae'r rhagdybiaeth nwl yn cael ei gwrthod.

Cwestiynau

 Mae pêl-droediwr nad yw'n hoff o gymryd ciciau o'r smotyn, yn dweud wrth ei reolwr mai dim ond 50% o siawns sydd ganddo o sgorio o gic o'r smotyn. Mae'r rheolwr yn meddwl ei fod yn amcangyfrif yn rhy isel am ei allu wrth gymryd ciciau o'r smotyn, a'i fod yn llawer gwell na hyn. Mae'r rheolwr yn penderfynu profi hyn yn ystod ymarfer, ac mewn 20 o giciau o'r smotyn, mae'r pêl-droediwr yn sgorio 15 o weithiau.

Gan ddefnyddio lefel o arwyddocâd o 5%, profwch honiad y pêl-droediwr. [5]

2 Mae darn arian yn cael ei daflu 10 o weithiau, gan lanio ar ochr y pen 7 gwaith. Darganfyddwch, ar lefel arwyddocâd o 10%, a yw'r darn arian yn deg. [5]

3 Mae Amy yn gweld un neu ragor o wiwerod coch yn ei gardd. Mae'n amcangyfrif mai'r tebygolrwydd o weld un neu ragor o wiwerod coch yn ei gardd bob dydd yw 0.05.

Y gwanwyn hwn, mae'n meddwl bod y tebygolrwydd yn wahanol. Mae'n gweld un neu ragor o wiwerod coch yn ei gardd ar 3 diwrnod o 6.

Defnyddiwch lefel o arwyddocâd o 1% i brofi ei thebygolrwydd gwreiddiol.
[6]

4 Mae myfyriwr yn honni bod ganddo siawns o 45% o basio arholiad. Mae ei ffrindiau'n dweud nad yw wedi gweithio'n ddigon caled ac felly ei fod yn amcangyfrif yn rhy uchel am ei siawns o basio.

Mae'n sefyll 10 arholiad ac yn pasio N. Mewn prawf ar lefel arwyddocâd o 5%, daethpwyd i'r casgliad ei fod wedi amcangyfrif yn rhy uchel am ei siawns o basio. Beth yw'r gwerthoedd posibl ar gyfer N? [5]

5 Mewn deintyddfa, y tebygolrwydd y bydd yn rhaid i gleifion aros mwy na 30 munud ar ôl amser eu hapwyntiad yw 0.3. Yn dilyn newidiadau i arferion gweithio, mae'r prif ddeintydd yn dweud bod lleihad yn nifer y cleifion sy'n gorfod aros mwy na 30 munud. Y diwrnod hwnnw, mae'n cofnodi amseroedd aros y 30 o gleifion nesaf, ac mae 6 yn aros mwy na 30 munud.

(a) (i) Ysgrifennwch ragdybiaeth nwl addas ar gyfer y prawf. [1]

  (ii) Ysgrifennwch ragdybiaeth arall addas ar gyfer y prawf. [1]

  (iii) Ysgrifennwch ystadegyn prawf a all gael ei ddefnyddio ar gyfer y prawf. [1]

(b) Darganfyddwch y rhanbarth critigol os y lefel arwyddocâd yw 5%. [5]

(c) Gwnewch sylw ar honiad y prif ddeintydd. [2]

6 Meintiau ac unedau mewn mecaneg

Ffeithiau a fformiwlâu hanfodol

Ffeithiau

Dyma'r meintiau sylfaenol a'u hunedau:

Hyd (m)

Amser (s)

Màs (kg)

Fformiwlâu

Meintiau deilliadol yw'r meintiau hynny sy'n deillio o'r meintiau sylfaenol gan ddefnyddio fformiwla, ac maen nhw'n cynnwys:

$$\text{Cyflymder} = \frac{\text{hyd neu bellter}}{\text{amser}} \ (\text{m s}^{-1})$$

$$\text{Cyflymiad} = \frac{\text{newid mewn cyflymder}}{\text{amser a gymerwyd}} \ (\text{m s}^{-2})$$

$$\text{Grym} = \text{màs} \times \text{cyflymiad (N)}$$

Cwestiynau

1 Rhowch unedau pob un o'r meintiau canlynol.

(a) Cyflymiad   (ch) Pwysau

(b) Cyflymder   (d) Grym

(c) Dwysedd   (dd) Moment   [3]

2 Dwysedd aur yw 19.32 g cm^{-3}. Darganfyddwch y dwysedd hwn yn yr unedau kg m^{-3}.   [2]

7 Cinemateg

Ffeithiau a fformiwlâu hanfodol

Ffeithiau

Graffiau dadleoliad/pellter–amser – y graddiant yw'r cyflymder/buanedd.

Graffiau cyflymder/buanedd–amser – y graddiant yw'r cyflymiad neu'r arafiad.
yr arwynebedd o dan y graff yw'r dadleoliad/pellter a deithiwyd.

Fformiwlâu

Mae'r fformiwlâu hyn yn cael eu defnyddio drwy'r testun. Mae'n rhaid i chi eu cofio, am na fyddan nhw'n cael eu rhoi yn yr arholiad. Cofiwch mai dim ond pan fydd y cyflymiad yn gyson y gall yr hafaliadau hyn gael eu defnyddio.

$$\text{Buanedd} = \frac{\text{pellter a deithiwyd}}{\text{amser a gymerwyd}}$$

$v = u + at$

$s = ut + \frac{1}{2}at^2$

$v^2 = u^2 + 2as$

$s = \frac{1}{2}(u + v)t$

> s = dadleoliad
> u = cyflymder cychwynnol
> v = cyflymder terfynol
> a = cyflymiad
> t = amser

Pan nad yw'r cyflymiad yn gyson, mae'r fformiwlâu canlynol yn cael eu defnyddio:

Dadleoliad (r) $\xrightarrow{\text{Differu}}$ Cyflymder (v) $\xrightarrow{\text{Differu}}$ Cyflymiad (a)

$\frac{\mathrm{d}r}{\mathrm{d}t}$ $\frac{\mathrm{d}v}{\mathrm{d}t}$

Dadleoliad (r) $\xleftarrow{\text{Integru}}$ Cyflymder (v) $\xleftarrow{\text{Integru}}$ Cyflymiad (a)

$r = \int v\,\mathrm{d}t$ $v = \int a\,\mathrm{d}t$

Cwestiynau

1 Mae car sy'n cychwyn o ddisymudedd yn cyflymu â chyflymiad unffurf 0.9 m s^{-2} mewn llinell syth am 5 eiliad.

Yna, mae'n cynnal buanedd cyson am 20 eiliad cyn cael ei arafu'n unffurf am 8 eiliad cyn dod i ddisymudedd.

(a) Brasluniwch graff cyflymder–amser ar gyfer mudiant y car. [2]

(b) Darganfyddwch y cyflymder mwyaf mae'r car yn ei gyrraedd. [1]

(c) Darganfyddwch arafiad y car. [1]

(ch) Darganfyddwch gyfanswm y pellter sy'n cael ei deithio gan y car. [1]

2 Mae gwrthrych bach, sydd â màs 0.02 kg, yn cael ei ollwng o ben adeilad sy'n 160 m o uchder.

(a) Cyfrifwch fuanedd y gwrthrych wrth iddo daro'r ddaear. [3]

(b) Darganfyddwch yr amser mae'n ei gymryd i'r gwrthrych gyrraedd y ddaear. [3]

(c) Nodwch un dybiaeth rydych chi wedi'i gwneud yn eich datrysiad. [1]

3 Mae gronyn yn cael ei daflu'n fertigol i fyny â buanedd 15 m s⁻¹.

   (a) Darganfyddwch, mewn eiliadau, yr amser mae'n ei gymryd i'r gronyn gyrraedd ei uchder mwyaf. [2]

   (b) Darganfyddwch yr uchder mwyaf mae'r gronyn yn ei gyrraedd. [2]

   (c) Nodwch un dybiaeth fodelu rydych chi wedi'i gwneud yn eich atebion. [1]

4 Mae'r graff cyflymder–amser, ar y dde, yn dangos mudiant gronyn mewn llinell syth â chyflymiad cyson. Mae'r gronyn yn pasio'r tarddbwynt ar $t = 0$ s â chyflymder 15 m s⁻¹.

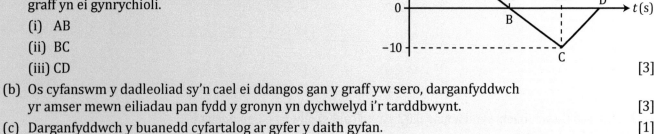

   (a) Nodwch beth mae pob un o'r adrannau canlynol o'r graff yn ei gynrychioli.

      (i) AB

      (ii) BC

      (iii) CD [3]

   (b) Os cyfanswm y dadleoliad sy'n cael ei ddangos gan y graff yw sero, darganfyddwch yr amser mewn eiliadau pan fydd y gronyn yn dychwelyd i'r tarddbwynt. [3]

   (c) Darganfyddwch y buanedd cyfartalog ar gyfer y daith gyfan. [1]

5 Mae gronyn yn pasio drwy'r tarddbwynt O â chyflymder 4 m s^{-1} ac mae'n cyflymu ar hyd yr echelin-x bositif â chyflymiad 4 m s^{-2}. Bum eiliad yn ddiweddarach, mae ail ronyn yn cychwyn o ddisymudedd o O ac yn teithio ar hyd yr echelin-x bositif â chyflymiad 10 m s^{-2}. Darganfyddwch pa mor bell o O mae'r ail ronyn yn mynd heibio i'r gronyn cyntaf, gan roi eich ateb i'r metr agosaf. [7]

6 Mae carreg yn cael ei thaflu'n fertigol o'r ddaear â buanedd 14.7 m s^{-1} o ymyl clogwyn sydd 49 m uwchben y môr. Mae'r garreg yn cyrraedd ei huchder mwyaf ac yna'n disgyn i'r môr.

(a) Cyfrifwch yr amser mae'r garreg yn ei dreulio yn yr awyr. [3]

(b) Cyfrifwch fuanedd y garreg pan fydd yn taro'r môr. [3]

7 Mae gronyn yn cychwyn o'r tarddbwynt O ar $t = 0$ s.
Yna, mae'n symud ar hyd echelin lorweddol fel bod ei gyflymder v m s^{-1} ar ôl t eiliad yn cael ei roi gan $v = 4 + 3t - t^2$.

(a) Cyfrifwch yr amser pan fydd y gronyn yn ddisymud a chyfrifwch gyflymiad y gronyn ar yr amser hwn. [2]

(b) Cyfrifwch gyflymder cyfartalog y gronyn yn ystod y pedair eiliad gyntaf ar ôl gadael O. [3]

8 Mae buanedd gronyn mewn m s^{-1} yn cael ei roi gan $v = 8 + 7t - t^2$

(a) Darganfyddwch yr amser pan fydd y cyflymder yn sero. [2]

(b) Darganfyddwch y cyflymder pan fydd $t = 0$ s. [1]

(c) Cyfrifwch y pellter sy'n cael ei deithio gan y gronyn yn yr ail eiliad. Rhowch eich ateb fel rhif cymysg. [3]

9 Mae gronyn P, sydd â màs 3 kg, yn symud ar hyd yr echelin-*x* lorweddol o dan effaith grym cydeffaith *F* N. Mae ei gyflymder *v* m s^{-1} ar amser *t* eiliad yn cael ei roi gan:

$$v = 12t - 3t^2$$

(a) O wybod bod y gronyn yn y tarddbwynt O pan fydd *t* = 1, darganfyddwch fynegiad ar gyfer dadleoliad y gronyn o O ar amser *t* s. [3]

(b) Darganfyddwch fynegiad ar gyfer cyflymiad y gronyn ar amser *t* s. [2]

10 Mae carreg fach yn cael ei thaflu'n fertigol tuag i fyny â buanedd 7 m s^{-1} o ben clogwyn. Mae'n taro'r ddaear ar waelod y clogwyn 4 eiliad yn ddiweddarach.

Darganfyddwch uchder y clogwyn. [5]

8 Deinameg gronyn

Ffeithiau a fformiwlâu hanfodol

Ffeithiau

Ail ddeddf mudiant Newton – mae grymoedd anghytbwys yn creu cyflymiad yn ôl yr hafaliad:

Grym = màs × cyflymiad   neu $F = ma$ yn fyr.

Lifftiau'n cyflymu, yn arafu ac yn teithio â chyflymder cyson

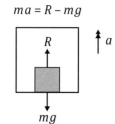

$$ma = R - mg$$

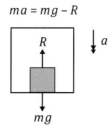

$$ma = mg - R$$

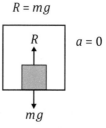

$$R = mg$$

Mudiant gronynnau wedi'u cysylltu â llinyn sy'n mynd dros bwlïau neu begiau sefydlog

Mae'r pwlïau neu'r pegiau'n llyfn felly nid oes grymoedd ffrithiannol yn gweithredu.
Mae'r llinynnau'n ysgafn ac yn anestynadwy felly mae'r tensiwn yn parhau'n gyson.

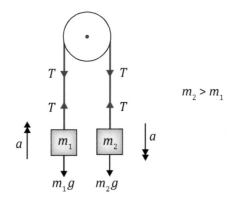

$$m_2 > m_1$$

Mae cyflymiad y ddau fàs yr un peth gan fod y llinyn yn dynn.
Gall ail ddeddf mudiant Newton gael ei chymhwyso i'r ddau fàs ar wahân.

Ar gyfer m_1, $m_1 a = T - m_1 g$
ac ar gyfer m_2, $m_2 a = m_2 g - T$

Fformiwlâu

Grym = màs × cyflymiad neu $F = ma$ yn fyr.

Cwestiynau

1 Mae merch sydd â màs 58 kg yn sefyll ar lawr lifft sy'n disgyn â chyflymiad 2.5 m s^{-2}. Cyfrifwch faint adwaith llawr y lifft ar y ferch. [3]

2 Mae lifft yn cychwyn o ddisymudedd ac yn teithio tuag i fyny â chyflymiad unffurf 4 m s^{-2} nes iddo gyrraedd buanedd cyson 12 m s^{-1}. Yna, mae'r lifft yn teithio â buanedd cyson 12 m s^{-1} am 5 s ac yna mae'n dod i ddisymudedd mewn 4 s.

(a) Lluniadwch graff cyflymder–amser i gynrychioli mudiant y lifft a defnyddiwch y graff i ddarganfod arafiad y lifft. [3]

(b) Mae dyn sydd â màs 50 kg yn sefyll yn y lifft yn ystod y mudiant uchod.

Cyfrifwch faint adwaith llawr y lifft ar y dyn yn ystod pob un o dair rhan y mudiant. [5]

3 Mae'r diagram yn dangos gwrthrych A, sydd â màs 5 kg, yn gorwedd ar fwrdd llorweddol llyfn. Mae wedi'i gysylltu â gwrthrych arall B, sydd â màs 9 kg, gan linyn ysgafn anestynadwy, sy'n mynd dros bwli ysgafn llyfn P sy'n sefydlog ar ymyl y bwrdd fel bod B yn hongian yn rhydd.

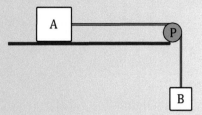

I ddechrau, mae'r system wedi'i chynnal yn ddisymud â'r llinyn yn dynn. Yna, mae grym llorweddol, maint 126 N, yn cael ei weithredu ar A yn y cyfeiriad PA fel bod B yn cael ei godi. Darganfyddwch faint cyflymiad A a'r tensiwn yn y llinyn. [7]

4 Mae dau ronyn A a B sydd â masau m kg a 5 kg yn ôl eu trefn lle mae
$m < 5$, wedi'u cysylltu gan linyn anestynadwy ysgafn sy'n mynd dros bwli
ysgafn llyfn. Mae'r trefniant yn cael ei ryddhau o ddisymudedd â'r ddau
fàs ar yr un uchder uwchben arwyneb llorweddol.

Os cyflymiad y masau yw $0.2g$,

(a) Dangoswch fod $T = 4g$.   [3]

(b) Darganfyddwch faint màs m mewn kg gan roi eich
    ateb i 2 ffigur ystyrlon.   [3]

(c) Esboniwch sut mae eich ateb wedi ystyried y ffaith
    bod y llinyn yn anestynadwy ac yn ysgafn a bod y pwli'n llyfn.   [2]

9 Fectorau

Ffeithiau a ffurmiwlâu hanfodol

Ffeithiau

Maint yn unig sydd gan fesurau sgalar, ac maen nhw'n cynnwys pellter a buanedd.

Mae gan fesurau fector faint a chyfeiriad, ac maen nhw'n cynnwys dadleoliad, cyflymder, cyflymiad a grym.

Mae fectorau yn cael eu teipio mewn teip trwm ac nid mewn teip italig, felly mae **s**, **r**, **v**, **a** ac **F** i gyd yn fectorau.

Gall cydeffaith fectorau sy'n gweithredu ar bwynt gael ei darganfod drwy adio'r fectorau unigol.

Maint fector

Mae maint y fector $\mathbf{r} = a\mathbf{i} + b\mathbf{j}$ yn cael ei roi gan $|\mathbf{r}| = \sqrt{a^2 + b^2}$

Cyfeiriad fector

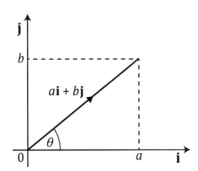

Yr ongl rhwng y fector $a\mathbf{i} + b\mathbf{j}$ a'r fector uned $\mathbf{i}$ yw θ, lle mae $\theta = \tan^{-1}\left(\dfrac{b}{a}\right)$

Trawsnewid o faint a chyfeiriad i fector

Os ydych chi'n gwybod maint a chyfeiriad fector, gallwch chi drawsnewid hyn yn ffurf fector yn y ffordd ganlynol

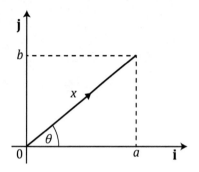

Os hyd y fector yw *x* a'i fod ar ongl θ i'r cyfeiriad-**i** (neu'r echelin-*x* bositif), yna gan ddefnyddio trigonometreg,

$$\frac{a}{x} = \cos\theta°, \text{ felly } a = x\cos\theta° \quad \text{a} \quad \frac{b}{x} = \sin\theta°, \text{ felly } b = x\sin\theta°$$

Y fector yw **x** = *a***i** + *b***j**

Fformiwlâu

Mae maint y fector **r** = *a***i** + *b***j** yn cael ei roi gan $|\mathbf{r}| = \sqrt{a^2 + b^2}$

Cwestiynau

1 Dyma rai mesurau. Mae'n rhaid i chi benderfynu a ydyn nhw'n fesurau sgalar neu'n rhai fector drwy roi tic yn y golofn briodol.

Mesur	Sgalar	Fector
Cyflymder		
Buanedd		
Grym		
Pellter		
Cyflymiad		
Dadleoliad		

[6]

2 Mae gan ronyn sydd â màs 5 kg ddau rym **P** ac **S** yn gweithredu arno lle mae:

$\qquad$ **P** = 3**i** – 20**j**

$\qquad$ **S** = –8**i** + 8**j**

Darganfyddwch

(a) Grym cydeffaith **R**. [1]

(b) Maint y grym cydeffaith. [2]

(c) Yr ongl rhwng y grym cydeffaith a'r fector **i**. [2]

(ch) Y cyflymiad **a**. [1]

3 Mae tractor yn teithio o P i Q ac yna o Q i R.

Y dadleoliad o P i Q yw 5**i** + 2**j** km.

Y dadleoliad o Q i R yw –3**i** + 3**j** km.

(a) Darganfyddwch gyfanswm y pellter sy'n cael ei deithio o P i R [3]

(b) Darganfyddwch yr ongl rhwng $\overrightarrow{PR}$ a'r fector uned **i** gan roi eich ateb i un lle degol. [2]

1 (a) Ehangwch $\left(x - \dfrac{1}{x}\right)^4$. [3]

(b) Esboniwch pam byddai amnewid $x = 1$ yn eich helpu i wirio eich ateb. [1]

2 Dangoswch y gall $\dfrac{7}{2\sqrt{14}} + \left(\dfrac{\sqrt{14}}{2}\right)^3$ gael ei fynegi fel $k\sqrt{14}$ lle mae k yn gyfanrif. [3]

3 Gan ddefnyddio gwrthbrawf drwy wrthenghraifft, profwch fod y gosodiad canlynol yn anghywir. 'Os yw'r ddau ffwythiant f a g fel bod eu deilliadau f' a g' yn hafal, yna mae'n rhaid bod y ffwythiannau f a g eu hunain yn hafal'. [3]

4 (a) O wybod bod $x = \log_a y$,

   (i) mynegwch y yn nhermau x ac a, [1]

   (ii) mynegwch a yn nhermau x ac y. [1]

   O wybod hefyd bod $x = 2$, darganfyddwch werthoedd

   (iii) $\log_a y^3$ [1]

   (iv) $\log_a (ay)^3$ [1]

   (v) $\log_a\left(\dfrac{y^5}{a^4}\right)$ [1]

(b) Os yw $2^{x-1} = 3^{(x+3)}$, dangoswch fod $x = \dfrac{3\log_{10} 3 + \log_{10} 2}{\log_{10} 2 - \log_{10} 3}$ [3]

5 Mae gan gylch C ganol P a hafaliad $x^2 + y^2 - 18x - 22y + 177 = 0$

(a) Darganfyddwch gyfesurynnau P a radiws y cylch. [2]

(b) (i) Profwch fod y pwynt T (5, 8) yn gorwedd ar y cylch. [1]

(ii) Darganfyddwch hafaliad y tangiad i'r cylch C yn y pwynt T. [4]

6 Darganfyddwch yr amrediad o werthoedd lle mae'r ffwythiant

$$f(x) = \frac{x^3}{3} + \frac{x^2}{2} - 12x + 1$$

yn ffwythiant cynyddol. [5]

Mae plot o dir ar ffurf triongl ABC.

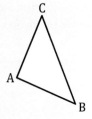

O wybod bod $\overrightarrow{AB}$ = 240**i** – 60**j** metr a $\overrightarrow{BC}$ = –180**i** + 200**j** metr

   (a) Darganfyddwch $\overrightarrow{AC}$.   [1]

   (b) Darganfyddwch ongl BAC gan roi eich ateb i'r 0.1° agosaf.   [2]

   (c) Darganfyddwch arwynebedd y cae mewn m² i'r cyfanrif agosaf.   [2]

8 Darganfyddwch yr amrediad o werthoedd *m* lle nad oes gan yr hafaliad cwadratig

$$(m-1)x^2 + 2mx + (7m-4) = 0 \quad \text{unrhyw wreiddiau real.} \quad [5]$$

9 Mae'r diagram isod yn dangos braslun o'r graff $y = f(x)$. Mae'r graff yn mynd drwy'r pwyntiau $(-1, 0)$ a $(4, 0)$ ac mae ganddo bwynt macsimwm yn $(2, 2)$.

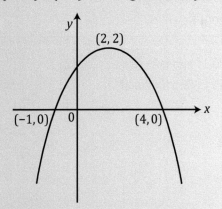

(a) Brasluniwch y graffiau canlynol, gan ddefnyddio set o echelinau ar wahân ar gyfer pob graff. Ar gyfer pob graff, dylech chi nodi cyfesurynnau'r pwyntiau croestorri â'r echelin-x a hefyd nodi cyfesurynnau'r pwynt arhosol.

(i) $y = f(x + 2)$ [3]

(ii) $y = -2f(x)$ [3]

(b) Trwy hyn, ysgrifennwch un gwreiddyn i'r hafaliad

$f(x + 2) = -2f(x) + 4$ [2]

10 Yn y triongl ABC, mae AB = 16 cm, AC = 8 cm ac ongl ABC = 20°.

Gall y triongl sy'n cael ei ddisgrifio uchod gael ei luniadu yn y ddwy ffordd ganlynol, un ag ongl ACB yn ongl aflem a'r llall ag ongl ACB yn ongl lem.

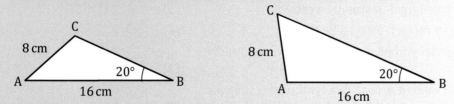

(a) Darganfyddwch y ddau faint posibl sydd i ongl ACB gan roi eich atebion i'r 0.1° agosaf. [3]

(b) Trwy hyn, darganfyddwch y ddau hyd posibl sydd i ochr BC gan roi eich ateb i dri ffigur ystyrlon. [4]

11 Gall nifer y niwclei ymbelydrol, N, sy'n weddill ar ôl t eiliad gael ei fodelu gan $N = Ae^{-kt}$ lle mae A a k yn gysonion.

Rydyn ni'n gwybod bod $N = 1000$ pan fydd $t = 4$, a bod $N = 300$ pan fydd $t = 8$.

(a) Dehonglwch y cysonyn A yng nghyd-destun y cwestiwn. [1]

(b) Darganfyddwch werth k gan roi eich ateb i 3 lle degol. [4]

(c) Darganfyddwch nifer y niwclei ymbelydrol sy'n weddill pan fydd $t = 10$. [2]

(ch) Darganfyddwch yr amser, i'r eiliad agosaf, pan fydd nifer y niwclei ymbelydrol sy'n weddill yn disgyn i 200. [3]

12 O wybod bod $y = 20x^2 + 9x - 20$, darganfyddwch $\dfrac{dy}{dx}$ o egwyddorion sylfaenol.   [5]

13 Mae'r diagram isod yn dangos braslun o'r gromlin $y = x^2 - 4x - 5$. Mae'r gromlin yn croestorri'r echelin-*x* yn y pwyntiau A a B. Mae'r tangiad i'r gromlin yn D (4, –5) yn croestorri'r echelin-*x* yn y pwynt C.

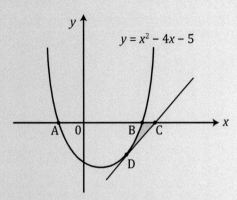

(a) Darganfyddwch gyfesurynnau pwyntiau A a B. [2]

(b) Darganfyddwch hafaliad y tangiad i'r gromlin yn D. [4]

(c) Darganfyddwch arwynebedd y rhanbarth sydd wedi'i dywyllu gan roi eich ateb fel rhif cymysg. [7]

Mae gan gylch C yr hafaliad $x^2 + y^2 - 8x + 10y + 28 = 0$.

Dangoswch fod y llinell $2x + 3y = 6$ yn dangiad i'r cylch hwn a darganfyddwch gyfesurynnau'r pwynt cyswllt rhwng y cylch a'r tangiad.   [6]

Mae tanc gwydr agored ar ffurf ciwboid â hyd $2x$ cm, lled x cm ac uchder h cm.

Arwynebedd y gwydr a ddefnyddiwyd i wneud y tanc yw 60 000 cm².

(a) Dangoswch fod $h = \dfrac{30000 - x^2}{3x}$ [2]

(b) Dangoswch fod $V = 20000x - \dfrac{2}{3}x^3$ [3]

(c) Darganfyddwch werth x a fydd yn rhoi i'r tanc ei gyfaint mwyaf a dangoswch y bydd y gwerth x hwn yn rhoi'r cyfaint mwyaf. [6]

Adran A – Ystadegaeth

1 Mae athrawes yn pryderu am faint o amser mae'r myfyrwyr yn ei dosbarth yn ei dreulio ar y cyfryngau cymdeithasol bob dydd. Mae'n penderfynu casglu data drwy holi'r myfyrwyr yn ei dosbarth blwyddyn 10 am yr amser maen nhw'n ei dreulio. Mae'r canlyniadau mewn oriau y dydd ar gyfer 25 o fyfyrwyr wedi'u dangos isod.

0, 2, 1, 4, 2, 1, 5, 6, 3, 5, 1, 2, 0, 5, 4, 3, 2, 4, 6, 2, 1, 0, 1, 5, 2

(a) Mae'r athrawes yn penderfynu cymryd sampl cyfle o'r 10 rhif cyntaf yn y rhestr i gyfrifo'r cymedr.

    (i) Esboniwch ystyr y term 'sampl cyfle'. [1]

    (ii) Cyfrifwch y cymedr gan ddefnyddio'r 10 rhif cyntaf. [1]

(b) Mae sampl systematig yn cael ei gymryd o 5 o werthoedd data.

    (i) Cyfrifwch y cyfwng samplu. [1]

    (ii) Mae'r athrawes yn dewis haprif yn y cyfwng samplu, a 4 oedd y rhif. Gan ddefnyddio'r gwerth hwn, ysgrifennwch y rhestr o werthoedd data yn y sampl. [2]

    (iii) Gan ddefnyddio'r rhestr o (b) (ii), cyfrifwch y gwerth ar gyfer nifer cymedrig yr oriau sy'n cael eu treulio ar y cyfryngau cymdeithasol. [1]

(c) Nodwch, gan roi eich rhesymau, pa un o'r ddau ddull ar gyfer cyfrifo'r cymedr fyddai fwyaf tebygol o roi canlyniad dibynadwy. [2]

2 Mae A a B yn ddigwyddiadau annibynnol fel bod

P(A) = 0.2,   P$(A \cup B)$ = 0.4

(a) Darganfyddwch werth P(B).   [4]

(b) Cyfrifwch y tebygolrwydd y bydd un yn union o'r digwyddiadau A, B
yn digwydd.   [3]

3 Casglwyd taldra 42 o fyfyrwyr o Goleg A a'u bwydo i mewn i gyfrifiadur i gynhyrchu'r diagram blwch a blewyn canlynol:

(a) Mae allanolyn ar y diagram hwn.

    (i) Esboniwch beth yw allanolyn a beth sydd wedi'i wneud â'r allanolyn wrth gynhyrchu'r diagram. [2]

    (ii) Beth fydd yn digwydd i'r cymedr os caiff yr allanolyn ei ddileu? [1]

    (iii) Beth fydd yn digwydd i'r gwyriad safonol os caiff yr allanolyn ei ddileu? [1]

(b) Mae'r allanolyn yn cael ei ddileu o'r set o ddata, a defnyddiwyd y 41 taldra sy'n weddill i gael y crynodeb canlynol o ystadegau:

Crynodeb o ystadegau coleg A

Taldra mewn cm	N	Cymedr	Gwyriad safonol	Minimwm	Chwartel isaf	Canolrif	Chwartel uchaf	Macsimwm
	41	164.8	9.2	147	160	165	170.5	185

Casglwyd taldra set o 50 o fyfyrwyr o goleg gwahanol, coleg B, ac mae'r crynodeb o ystadegau ar gyfer y rhain i'w gweld yn y tabl isod:

Crynodeb o ystadegau coleg B

Taldra mewn cm	N	Cymedr	Gwyriad safonol	Minimwm	Chwartel isaf	Canolrif	Chwartel uchaf	Macsimwm
	50	163.9	8.6	148	162	164	172	183

(i) Cyfrifwch yr amrediad a'r amrediad rhyngchwartel ar gyfer y naill set o fyfyrwyr a'r llall. [2]

(ii) Cymharwch a chyferbynnwch ddosraniadau taldra'r myfyrwyr ar gyfer y ddau goleg A a B. [3]

4 Mae cwsmeriaid yn cyrraedd gorsaf betrol fel bod y nifer sy'n cyrraedd mewn cyfwng o *t* munud yn cael ei roi gan 0.5*t*.

(a) Esboniwch pam gall y sefyllfa hon gael ei modelu gan ddefnyddio dosraniad Poisson yn hytrach na dosraniad binomaidd. [2]

(b) Darganfyddwch y tebygolrwydd, rhwng 9:30 a.m. a 10:00 a.m.,

   (i) bod union 18 o gwsmeriaid yn cyrraedd

   (ii) bod nifer y cwsmeriaid sy'n cyrraedd yn fwy na 20. [6]

5 Mae India yn tyfu pwmpenni ar gyfer Calan Gaeaf. O brofiad, mae wedi darganfod bod tebygolrwydd o 0.3 bod gan bwmpen radiws sy'n fwy na 30 cm. Hoffai India weld a fyddai defnyddio math newydd o wrtaith sydd wedi'i ddatblygu'n arbennig ar gyfer pwmpenni yn cynyddu'r nifer o bwmpenni mawr.

Mae India yn trin ei phwmpenni â'r gwrtaith newydd ac yn cymryd hapsampl o 40 o bwmpenni ac mae eisiau cynnal prawf i weld a yw meintiau'r pwmpenni wedi cynyddu.

(a) Ysgrifennwch brawf rhagdybiaeth addas gallai India ei ddefnyddio. [1]

(b) Darganfyddwch y rhanbarth critigol ar gyfer y prawf ar lefel arwyddocâd o 5%. [4]

(c) Ysgrifennwch lefel arwyddocâd wirioneddol y prawf. [1]

6 Cafwyd hapsampl o 25 o fyfyrwyr mewn pedair ysgol wahanol a chofnodwyd eu marciau Mathemateg a Saesneg mewn ffug arholiad TGAU a phlotiwyd y graff gwasgariad canlynol:

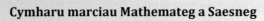

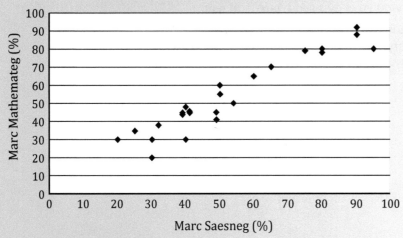

(a) (i) Gwnewch sylw am y cydberthyniad rhwng 'marc Mathemateg' a 'marc Saesneg'. [1]

(ii) Dehonglwch y cydberthyniad rhwng marciau Mathemateg a Saesneg. [1]

(b) Yr hafaliad atchwel ar gyfer y set hon o ddata yw

'Marc mathemateg' = 7.1 + 0.9 × 'Marc Saesneg'

(i) Dehonglwch raddiant yr hafaliad atchwel ar gyfer y model hwn. [1]

(ii) Nodwch, gan roi rheswm, a fyddai'r model atchwel yn ddefnyddiol i ragweld y marc Mathemateg ar gyfer myfyriwr oedd ddim yn gallu cymryd yr arholiad Mathemateg oherwydd salwch, ond a oedd yn bresennol ar gyfer yr arholiad Saesneg. [2]

(iii) Nodwch a yw'r berthynas rhwng y 'Marc Mathemateg' a'r 'Marc Saesneg' yn achosol. Esboniwch eich ateb. [1]

[Cyfanswm y marciau = 44]

Adran B – Mecaneg

 Mae balŵn aer poeth yn codi'n fertigol â chyflymder cyson 2 m s⁻¹. Pan fydd 50 m uwchben y ddaear, mae bag tywod yn cael ei ollwng o'r balŵn.

(a) Cyfrifwch yr amser mae'r bag tywod yn ei gymryd i daro'r ddaear. [3]

(b) Mae gollwng y bag tywod yn achosi i'r balŵn gyflymu tuag i fyny â chyflymiad cyson 2 m s⁻². Darganfyddwch uchder y balŵn 4 eiliad ar ôl rhyddhau'r bag tywod. [3]

2 (a) Mae gronyn yn cyflymu am 10 eiliad mewn llinell syth fel bod ei gyflymder, mewn m s^{-1}, t eiliad ar ôl cychwyn, yn cael ei roi gan y fformiwla

$$v = 3t^2 + 12$$

    (i) Rhowch gyflymder y gronyn pan fydd $t = 0$ s.   [1]

    (ii) Esboniwch drwy luniadu braslun o'r graff cyflymder–amser, pam nad yw'r cyflymder byth yn negatif.   [2]

  (b) Mae gan ronyn gwahanol gyflymder mewn m s^{-1} sy'n cael ei roi gan

$$v = 13t + 8.$$

    (i) Esboniwch pam mae cyflymiad y gronyn hwn yn gyson.   [1]

    (ii) Darganfyddwch yr amserau pan fydd gan y ddau ronyn yr un cyflymder.   [2]

3 Mae'r diagram isod yn dangos dau ronyn A a B, sydd â màs *M* kg a 5 kg yn ôl eu trefn, lle mae *M* > 5. Mae'r ddau ronyn wedi'u cysylltu gan linyn ysgafn ac anestynadwy sy'n mynd dros bwli llyfn sefydlog. I gychwyn, mae B yn cael ei gynnal yn ddisymud gyda'r llinyn yn dynn. Yna, mae'n cael ei ryddhau.

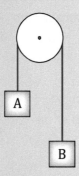

(a) Dangoswch fod cyflymiad màs A yn cael ei roi gan

$$a = \frac{g(M-5)}{M+5}$$

[6]

(b) Pa dybiaeth fodelu wnaethoch chi er mwyn cyrraedd eich ateb? [1]

4 Mae dau rym **P** a **Q** yn gweithredu ar wrthrych fel bod:

$$P = 7i + 14j \qquad Q = -2i - 2j$$

Mae gan y gwrthrych fàs 5 kg.

(a) Dangoswch y ddau rym **P** a **Q** ar set o echelinau. [2]

(b) Cyfrifwch faint cyflymiad y gwrthrych. [3]

(c) Cyfrifwch gyfeiriad y cyflymiad gan roi eich ateb i un lle degol. [2]

5 Mae person sydd â màs 50 kg yn sefyll ar lawr lifft sydd â màs 450 kg. Mae'r lifft yn cael ei godi a'i ostwng gan gebl metel.

Mae'r lifft yn cychwyn o ddisymudedd ac yn cyflymu tuag i fyny ar gyfradd gyson nes iddo gyrraedd buanedd o 4 m s^{-1} ar ôl teithio pellter o 4 m o ddisymudedd.

Darganfyddwch y tyniant yng nghebl y lifft. [4]

[Cyfanswm y marciau = 30]

Atebion

Uned 1 Mathemateg Bur
1 Prawf

1 Gan fod nifer cyfyngedig o werthoedd i roi cynnig arnyn nhw, rydyn ni'n defnyddio prawf drwy ddisbyddu.

n	$n^2 + 2$	Lluosrif 4?
1	3	Nac ydy
2	6	Nac ydy
3	11	Nac ydy
4	18	Nac ydy
5	27	Nac ydy
6	38	Nac ydy
7	51	Nac ydy

Gan fod pob gwerth posibl wedi'i ddisbyddu ac nad oes un ateb yn rhannu â 4 yn union, rydyn ni wedi profi nad yw $n^2 + 2$ yn lluosrif 4 ar gyfer gwerthoedd n o 1 i 7 gan gynnwys 1 a 7.

> Yn achos prawf drwy ddisbyddu, mae'n syniad da creu tabl fel yr un sydd i'w weld yma.

2 Rhowch gynnig ar $x = 2$ ac $y = 1$, felly mae $x^2 = 4$ ac $y^2 = 1$.
Trwy hyn, mae $x^2 > y^2$ yn gywir.
Rhowch gynnig ar $x = -1$ ac $y = -2$, felly mae $x^2 = 1$ ac $y^2 = 4$.
Trwy hyn, mae $x^2 > y^2$ yn anghywir.
Mae gwrthenghraifft wedi'i darganfod felly mae'r gosodiad yn anghywir.

> Er mwyn gwrthbrofi'r gosodiad drwy wrthenghraifft, dim ond un enghraifft o werthoedd lle mae'r gosodiad yn anghywir mae angen i chi ei ddarganfod.

3 (a) Gadewch i $c = -1$ felly $(2c + 1)^2 = 1$
       Gadewch i $d = 0$ felly $(2d + 1)^2 = 1$
       Nawr $(2c + 1)^2 = (2d + 1)^2$ ond $c \neq d$, felly mae gosodiad A yn anghywir drwy wrthenghraifft.

  (b) Mae gan unrhyw rif real wreiddyn trydydd isradd real ac unigryw, felly mae cymryd trydydd isradd y ddwy ochr yn rhoi
       $(2c + 1) = (2d + 1)$
       Trwy hyn $c = d$, felly mae gosodiad B yn gywir.

> Rhowch gynnig ar wahanol werthoedd nes i chi ddod o hyd i enghraifft lle mae'r gosodiad yn anghywir.

> Sylwch fod cymryd ail isradd rhif real positif yn rhoi dau ddatrysiad. Er enghraifft, $\sqrt{25} = \pm 5$. Ond dim ond un datrysiad sydd i drydydd isradd. Er enghraifft $\sqrt[3]{27} = 3$.

4 Gadewch i'r rhif cyntaf fod yn $2n$ (h.y. eilrif). Y rhif nesaf fydd $2n + 1$ (h.y. odrif).
Swm sgwariau'r rhifau olynol hyn
     $= (2n)^2 + (2n + 1)^2 = 4n^2 + 4n^2 + 4n + 1 = 8n^2 + 4n + 1$
Nawr bydd $8n^2 + 4n$ bob amser yn eilrif gan fod 2 yn ffactor ohono. Bydd adio 1 ato yn ei wneud yn odrif. Trwy hyn, mae swm sgwariau unrhyw ddau gyfanrif olynol bob amser yn odrif.

5 Os ydych chi'n rhestru holl werthoedd posibl n, mae gennych: 1, 2, 3, 4, 5, 6, 7, ...
Mae pob un o'r rhifau hyn yn lluosrif 3 (h.y. 3 a 6), un yn llai na lluosrif 3 (h.y. 2 a 5) neu un yn fwy na lluosrif 3 (h.y. 4 a 7). Mae tair sefyllfa i'w hystyried:

- Os yw n yn lluosrif 3, yna mae n^3 lluosrif 27, ac felly mae'n lluosrif 9.
Felly os yw $n = 3x$, $n^3 = 27x^3$, felly gan fod 9 yn ffactor o 27 mae n^3 yn lluosrif 9.
- Os yw n 1 yn fwy na lluosrif 3, yna mae n^3 1 yn fwy na lluosrif 9.
Felly os yw $n = 3x + 1$, $n^3 = (3x + 1)^3 = 27x^3 + 27x^2 + 9x + 1 = 9(3x^3 + 3x^2 + x) + 1$, sydd 1 yn fwy na lluosrif 9.
- Os yw n 1 yn llai na lluosrif 3, yna mae n^3 1 yn llai na lluosrif 9.
Felly os yw $n = 3x - 1$, $n^3 = (3x - 1)^3 = 27x^3 - 27x^2 + 9x - 1 = 9(3x^3 - 3x^2 + x) - 1$ sydd 1 yn llai na lluosrif 9.

Trwy hyn, mae'r gosodiad yn gywir ac mae wedi'i brofi â phrawf drwy ddisbyddu.

2 Algebra a ffwythiannau

1 (a) $1 - 5x > -2x + 7$

$1 - 3x > 7$

$-3x > 6$

$x < -2$

Cofiwch, os ydych chi'n lluosi neu'n rhannu anhafaledd â rhif negatif, fod yn rhaid i chi wrthdroi arwydd yr anhafaledd.

(b) $\frac{x}{4} \le 2(1 - x)$

$x \le 8(1 - x)$

$x \le 8 - 8x$

$9x \le 8$

$x \le \frac{8}{9}$

(c) $2x^2 + 5x - 12 \le 0$

Rhowch $(2x - 3)(x + 4) = 0$

$x = \frac{3}{2}$ neu -4

Bydd graff
$y = 2x^2 + 5x - 12$
ar ffurf U gan fod cyfernod x^2 yn bositif.

Bydd y rhan o'r graff sy'n cynrychioli'r anhafaledd ar yr echelin-y neu odani.

Trwy hyn, y datrysiad yw $-4 \le x \le \frac{3}{2}$

2 (a) Gadewch $f(x) = x^3 - 8x^2 - px + 84$

Gan fod $(x - 7)$ yn ffactor, $f(7) = 0$

$f(7) = (7)^3 - 8(7)^2 - p(7) + 84 = 0$

$343 - 392 - 7p + 84 = 0$

Sy'n rhoi $p = 5$

(b) $x^3 - 8x^2 - 5x + 84 = (x - 7)(ax^2 + bx + c)$

Mae hafalu cyfernodau x^3 yn rhoi $a = 1$.

Mae hafalu cyfernodau sy'n annibynnol ar x yn rhoi $84 = -7c$, a thrwy hyn $c = -12$

Mae hafalu cyfernodau x^2 yn rhoi $-8 = b - 7a$ a gan fod $a = 1$, $b = -1$

Mae amnewid yn y gwerthoedd yn rhoi

$(x - 7)(x^2 - x - 12)$

Mae ffactorio'r ffactor cwadratig yn rhoi

$(x - 7)(x - 4)(x + 3) = 0$

Y datrysiadau yw $x = -3$ neu 4 neu 7

3 (a) $1 - 2x < 4x + 7$

$1 - 6x < 7$

$-6x < 6$

$x > -1$

Rhannu'r ddwy ochr â -6 a childroi'r arwydd.

(b) $\frac{x}{2} \ge 2(1 - 3x)$

$x \ge 4(1 - 3x)$

$x \ge 4 - 12x$

$13x \ge 4$

$x \ge \frac{4}{13}$

Yma, rydych chi'n darganfod gwerthoedd ar gyfer x a fydd yn rhoi $f(x) = 0$.

4 $f(x) = 2x^3 + 7x^2 - 7x - 12$

$f(1) = 2(1)^3 + 7(1)^2 - 7(1) - 12 = -10$

$f(-1) = 2(-1)^3 + 7(-1)^2 - 7(-1) - 12 = 0$ felly mae $(x + 1)$ yn ffactor.

Mae'r ffwythiant gwreiddiol yn ffwythiant ciwbig sydd â thair ffactor. Un o'r ffactorau yw $(x + 1)$ felly gall y ffwythiant gwreiddiol gael ei ysgrifennu fel hyn:

$(x + 1)(ax^2 + bx + c) = 2x^3 + 7x^2 - 7x - 12$

Mae hafalu cyfernodau x^3 yn rhoi $a = 2$.

Mae hafalu'r cyfernodau sy'n annibynnol ar x yn rhoi $c = -12$

Mae hafalu cyfernodau x^2 yn rhoi $b + a = 7$, felly $b = 5$.

Trwy hyn, $2x^3 + 7x^2 - 7x - 12 = (x + 1)(2x^2 + 5x - 12)$

Mae ffactorio'r rhan gwadratig yn ddwy ffactor yn rhoi:
$$(x + 1)(2x - 3)(x + 4)$$

Trwy hyn $\quad (x + 1)(2x - 3)(x + 4) = 0$

Y datrysiadau yw $x = -1$, neu $\frac{3}{2}$ neu -4.

5 (a) $(4 - 2\sqrt{5})(3 + 4\sqrt{5}) = 12 + 16\sqrt{5} - 6\sqrt{5} - 40$
$$= 10\sqrt{5} - 28$$

(b) $\sqrt{27} + \dfrac{81}{\sqrt{3}} = \sqrt{9 \times 3} + \dfrac{81\sqrt{3}}{\sqrt{3}\sqrt{3}} = 3\sqrt{3} + 27\sqrt{3}$
$$= 30\sqrt{3}$$

6 $3x^2 + mx + 12 = 0$

Ar gyfer gwreiddiau an-real $\quad b^2 - 4ac < 0$

Felly $\qquad\qquad\qquad m^2 - 4(3)(12) < 0$
$$m^2 - 144 < 0$$
$$(m + 12)(m - 12) < 0$$

Os yw graff $y = (m + 12)(m - 12)$ yn cael ei blotio yn erbyn m ar yr echelin-x, mae'r gromlin ar ffurf $\cup$, ac yn croestorri'r echelin-x yn $m = 12$ ac yn $m = -12$.

Trwy hyn, yr amrediad sydd ei angen yw $-12 < m < 12$

> Ar gyfer dim gwreiddiau real, mae'r gwahanolyn yn llai na sero.

7 (a) $\sqrt{27} + \sqrt{48} = \sqrt{9 \times 3} + \sqrt{16 \times 3} = 3\sqrt{3} + 4\sqrt{3} = 7\sqrt{3}$

(b) $\dfrac{20}{2 - \sqrt{2}} = \dfrac{20(2 + \sqrt{2})}{(2 - \sqrt{2})(2 + \sqrt{2})} = \dfrac{40 + 20\sqrt{2}}{4 - 2} = \dfrac{40 + 20\sqrt{2}}{2} = 20 + 10\sqrt{2}$

> Chwiliwch am rifau sgwâr fel ffactorau.

8 (a) $3x^2 - 12x + 10 = 3\left(x^2 - 4x + \dfrac{10}{3}\right)$
$$= 3\left((x - 2)^2 - 4 + \dfrac{10}{3}\right)$$
$$= 3\left((x - 2)^2 - \dfrac{12}{3} + \dfrac{10}{3}\right)$$
$$= 3\left((x - 2)^2 - \dfrac{2}{3}\right)$$
$$= 3(x - 2)^2 - 2$$

Trwy hyn, mae'r pwynt minimwm yn $(2, -2)$

> Os oes gofyn i chi ddarganfod y gwerth minimwm neu'r gwerth macsimwm, cwblhewch y sgwâr a dewch o hyd i drobwynt y gromlin sy'n cael ei chynrychioli gan y ffwythiant.

(b) Mae gwerth macsimwm $\dfrac{1}{3x^2 - 12x + 10}$ yn digwydd pan fydd gan $3x^2 - 12x + 10$ ei werth lleiaf.

Gwerth lleiaf $3x^2 - 12x + 10$ yw gwerth-y y pwynt minimwm, sef -2 o ran (a).

Trwy hyn, y gwerth macsimwm yw $\dfrac{1}{-2} = -\dfrac{1}{2}$

> Bydd y graff sydd â'r hafaliad hwn ar ffurf $\cup$. Y cyfan mae'r 3 yn ei wneud yw pennu siâp yr $\cup$ ac nid yw'n effeithio ar y lle mae'r pwynt minimwm.

9 (a) $\left(\dfrac{27}{9}\right)^0 = 1$

(b) $27^{\frac{2}{3}} = \sqrt[3]{27^2} = 3^2 = 9$

(c) $\left(\dfrac{27}{8}\right)^{-\frac{1}{3}} = \dfrac{1}{\sqrt[3]{\frac{27}{8}}} = \dfrac{1}{\frac{3}{2}} = \dfrac{2}{3}$

> Mae'n rhaid i chi gofio rheolau indecsau gan y byddwch chi'n eu defnyddio drwy'r cwrs mewn testunau eraill.

10 (a)

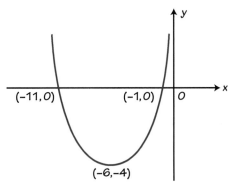

(b) Gan edrych ar y graff, mae wedi'i adlewyrchu yn yr echelin-x (felly mae'r lle mae'n croestorri'r echelin-x yn parhau'r un peth) ac mae gwerth-y y trobwynt wedi'i haneru.

Yr hafaliad yw $y = -\frac{1}{2}f(x)$

Felly $r = -\frac{1}{2}$

11 Mae graff $y = \frac{1}{x}$ yn cael ei ddangos yma.

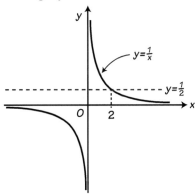

Mae'r llinell $y = \frac{1}{2}$ yn cwrdd â graff $y = \frac{1}{x}$ yn $x = 2$.

Gan fod $\frac{1}{x} < \frac{1}{2}$ mae angen i ni ddarganfod gwerthoedd x lle mae graff $y = \frac{1}{x}$ yn gorwedd o dan y llinell $y = \frac{1}{2}$.

O'r graff, gallwn weld bod hyn yn digwydd ar gyfer $x > 2$ neu $x < 0$.

> Dylech chi allu lluniadu graff $y = \frac{1}{x}$ o'ch gwaith TGAU.

12 I ddarganfod cyfesurynnau-x pwyntiau Q ac R:

$$y = -x^2 + 2x + 8$$

$$0 = x^2 - 2x - 8$$

$$0 = (x - 4)(x + 2)$$

Q yw $(4, 0)$ ac R yw $(-2, 0)$

I ddarganfod cyfesuryn-y P, amnewidiwch $x = 0$ i hafaliad y gromlin.

$$y = -x^2 + 2x + 8 = 0^2 + 2(0) + 8 = 8$$

Graddiant llinell L (i.e. PQ) $= -\frac{8}{4} = -2$

Hafaliad llinell L yw $y = -2x + 8$

Gan edrych ar yr arwynebedd sydd wedi'i dywyllu, gallwn weld ei fod yn gorwedd o dan linell L ac o dan y gromlin ac uwchben yr echelin-x.

Y tri anhafaledd yw: $y \leq -2x + 8$, $y \leq -x^2 + 2x + 8$, $y \geq 0$.

> Mae angen i ni ddarganfod hafaliad llinell L, felly mae angen i ni ddarganfod y graddiant, m, a'r rhyngdoriad, c, ar yr echelin-y.

3 Geometreg gyfesurynnol

1 (a) $2y = 4x - 5$

$y = 2x - \dfrac{5}{2}$

Gan gymharu hyn ag $y = mx + c$, mae gennym ni'r graddiant, $m = 2$

(b) Graddiant $= -\dfrac{1}{2}$

2 (a) Graddiant $= \dfrac{y_2 - y_1}{x_2 - x_1} = \dfrac{4 - 0}{6 - (-2)} = \dfrac{4}{8} = \dfrac{1}{2}$

(b) $\left(\dfrac{x_1 + x_2}{2}, \dfrac{y_1 + y_2}{2}\right) = \left(\dfrac{-2 + 6}{2}, \dfrac{0 + 4}{2}\right) = (2, 2)$

(c) (i) Graddiant $= -2$ (h.y. gwrth-droi $\frac{1}{2}$ a newid yr arwydd)

(ii) $y - y_1 = m(x - x_1)$

$y - 2 = -2(x - 2)$

$y - 2 = -2x + 4$

$y = -2x + 6$

3 (a) $2x + 3y = 5$ felly $y = -\frac{2}{3}x + \frac{5}{3}$, trwy hyn, y graddiant $= -\frac{2}{3}$

(b) Pan fydd $x = 0$, $y - 3 = 2$, gan roi $y = 5$. Trwy hyn, S yw $(0, 5)$

4 (a) Graddiant AB $= -\dfrac{4}{5}$

(b) Mae amnewid cyfesurynnau C i hafaliad y llinell yn rhoi

$4(-5) + 5(6) = 10$

$-20 + 30 = 10$

$10 = 10$

Gan fod yr ochr chwith = yr ochr dde, mae pwynt C yn gorwedd ar y llinell.

(c) Graddiant y llinell sydd ar ongl sgwâr i AB $= \dfrac{5}{4}$

Hafaliad y llinell berpendicwlar yw $y - 6 = \frac{5}{4}(x + 5)$

Trwy hyn $4y - 24 = 5x + 25$

Yr hafaliad yw $4y = 5x + 49$

5 Gan gymharu'r hafaliad $x^2 + y^2 + 6x + 8y - 10 = 0$ â'r hafaliad $x^2 + y^2 + 2gx + 2fy + c = 0$ gallwn weld bod $g = 3$, $f = 4$ ac $c = -10$.

Mae gan y canol A y cyfesurynnau $(-g, -f) = (-3, -4)$

Radiws $= \sqrt{g^2 + f^2 - c} = \sqrt{(3)^2 + (4)^2 + 10} = \sqrt{35} = 5.92$.

6 (a) (i) $2x + 5y = 40$

Trwy hyn $5y = -2x + 40$

$y = -\dfrac{2}{5}x + 8$

Mae cymharu hyn â'r hafaliad ar gyfer llinell syth, $y = mx + c$

yn rhoi'r graddiant $= -\dfrac{2}{5}$

(ii) Bydd gan y llinell sy'n baralel $2x + 5y = 40$ y graddiant $-\dfrac{2}{5}$.

Hafaliad y llinell sydd â graddiant $-\frac{2}{5}$ ac sy'n mynd drwy'r pwynt P $(0, 6)$ yw

$y - y_1 = m(x - x_1)$

$y - 6 = -\frac{2}{5}(x - 0)$

$5y - 30 = -2x$

Trwy hyn, hafaliad y llinell yw $5y + 2x = 30$

> Mae gan linellau paralel yr un graddiant.

> Gallech chi ddefnyddio'r dull arall yma lle rydych chi'n gadael i hafaliad y llinell baralel fod yn $2x + 5y = c$, ac yna'n amnewid cyfesurynnau'r pwyntiau mae'r llinell yn pasio drwyddyn nhw i'r hafaliad er mwyn darganfod gwerth c. Wedi gwneud hyn, dyma fydd yr hafaliad sydd ei angen.

(b) Mae'r cyfesurynnau (5, p) yn gorwedd ar y llinell, felly bydd y cyfesurynnau hyn yn bodloni hafaliad y llinell.

Felly, $5y - 30 = -2x$

$5p - 30 = -2(5)$

$5p - 30 = -10$

$5p = 20$

$p = 4$

> Mae $x = 5$ ac $y = p$ yn cael eu hamnewid i hafaliad y llinell syth ac mae'r hafaliad sy'n ganlyniad hynny yn cael ei ddatrys i ddarganfod gwerth rhifiadol p.

7 Yn gyntaf, darganfyddwch radiws y cylch. Gallwch chi naill ai ddefnyddio'r fformiwla ar gyfer y pellter rhwng dau bwynt neu fraslunio'r pwyntiau ar set o echelinau a defnyddio theorem Pythagoras.

Yma, rydyn ni'n defnyddio theorem Pythagoras.

Yn ôl theorem Pythagoras, hyd y llinell $\sqrt{3^2 + 3^2} = \sqrt{18}$.

Hafaliad y cylch sydd â chanol (1, 2) ac sy'n mynd drwy'r pwynt (4, -1) yw $(x - 1)^2 + (y - 2)^2 = 18$.

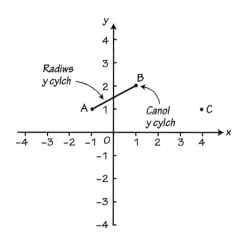

8 (a) $x^2 + y^2 - 4x + 8y + 4 = 0$

Mae cwblhau'r sgwariau ar gyfer x ac y yn rhoi

$(x - 2)^2 + (y + 4)^2 - 4 - 16 + 4 = 0$

$(x - 2)^2 + (y + 4)^2 - 16 = 0$

$(x - 2)^2 + (y + 4)^2 = 16$

Canol y cylch yw (2, -4)

(b) Os yw'r pwynt P (6, -4) yn gorwedd ar y cylch, bydd y cyfesurynnau'n bodloni hafaliad y cylch.

Trwy hyn, $(x - 2)^2 + (y + 4)^2 = (6 - 2)^2 + (-4 + 4)^2 = 4^2 + 0 = 16$

Mae hyn yr un peth ag ochr dde'r hafaliad, felly mae'r pwynt yn gorwedd ar y cylch.

9 (a) Os AP yw diamedr y cylch, yna mae AB yn radiws i'r cylch.

Caiff graff ei luniadu i ddangos y pwyntiau.

Gan ddefnyddio theorem Pythagoras i ddarganfod AB, mae gennym

$AB^2 = 2^2 + 1^2$

$AB^2 = 4 + 1$

$AB = \sqrt{5}$

Radiws y cylch – $\sqrt{5}$ a'r canol yw B(1, 2)

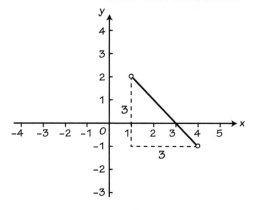

Hafaliad y cylch yw $(x - 1)^2 + (y - 2)^2 = \left(\sqrt{5}\right)^2$

$x^2 - 2x + 1 + y^2 - 4y + 4 = 5$

$x^2 + y^2 - 2x - 4y = 0$

Trwy hyn, $a = -2$, $b = -4$, $c = 0$

(b) I ddarganfod cyfesurynnau P, pen arall diamedr y cylch, gallwn ddefnyddio'r ffaith ein bod ni, wrth fynd o A i B, yn mynd ddwy uned i'r dde ac un uned yn fertigol i fyny. Mae cymhwyso hyn o B(1, 2) yn rhoi cyfesurynnau P yn (3, 3).

Graddiant BP $= \dfrac{3 - 2}{3 - 1} = \dfrac{1}{2}$ (Sylwch fod BP yn radiws i'r cylch)

Graddiant CP $= \dfrac{3 - 1}{3 - 4} = -2$

Lluoswm y graddiannau $= \left(\dfrac{1}{2}\right)(-2) = -1$

Trwy hyn, mae'r radiws yn P a'r llinell yn P yn berpendicwlar, felly mae CP yn dangiad i'r cylch.

10 (a) $AB^2 = AP^2 + BP^2$

$= \left(3\sqrt{5}\right)^2 + \left(4\sqrt{5}\right)^2$

$= 45 + 80 = 125$

$AB = \sqrt{125} = 5\sqrt{5}$

(b) Hafaliad y cylch yw

$$(x - 3)^2 + (y + 2)^2 = \left(5\sqrt{5}\right)^2$$

$$(x - 3)^2 + (y + 2)^2 = 125$$

$$x^2 + y^2 - 6x + 4y - 112 = 0$$

⑪ I ddarganfod cyfesurynnau'r man lle mae'r llinell yn cwrdd â'r gromlin, gallwn hafalu'r gwerthoedd-*y*.

$$m(x - 1) = x^2 + 3$$

$$mx - m = x^2 + 3$$

$$x^2 - mx + 3 + m = 0$$

Er mwyn i'r llinell fod yn dangiad, mae'n rhaid bod i hyn wreiddiau hafal, gan fod yn rhaid i'r llinell a'r gromlin fod ag un pwynt croestoriad yn union.

I gael gwreiddiau hafal, gwahanolyn = 0

$$b^2 - 4ac = 0$$

$$(-m)^2 - 4(3 + m) = 0$$

$$m^2 - 12 - 4m = 0$$

$$m^2 - 4m - 12 = 0$$

$$(m - 6)(m + 2) = 0$$

Felly $m = 6$ neu -2

⑫ (a) Canolbwynt y diamedr PQ yw $\left(\dfrac{1 + 3}{2}, \dfrac{3 + (-1)}{2}\right) = (2, 1)$

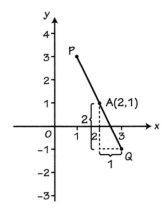

a dyma hefyd yw cyfesurynnau pwynt A, canol y cylch.

Yn ôl theorem Pythagoras, $\quad AQ^2 = 2^2 + 1^2$

$$AQ = \sqrt{5}$$

AQ yw radiws C, felly radiws = $\sqrt{5}$

Hafaliad cylch C yw $\quad (x - 2)^2 + (y - 1)^2 = \left(\sqrt{5}\right)^2$

$$x^2 - 4x + 4 + y^2 - 2y + 1 = 5$$

$$x^2 + y^2 - 4x - 2y = 0$$

Trwy hyn $a = -4$, $b = -2$ ac $c = 0$

(b)

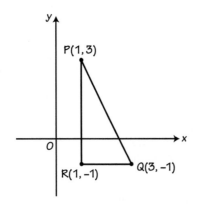

Gan fod gan bwyntiau P ac R yr un cyfesuryn-*x*, mae PR yn baralel i'r echelin-*y*, a gan fod gan Q ac S yr un cyfesuryn-*y*, mae QR yn baralel i'r echelin-*x*. Mae hyn yn golygu bod ongl PRQ = 90°.

Nawr PR = 4 a QR = 2, a thrwy hyn ongl PQR = $\tan^{-1}\left(\dfrac{4}{2}\right)$ = 63.4° (i 1 lle degol).

4 Dilyniannau a chyfresi

1 Yn gyntaf, dewch o hyd i'r fformiwla ar gyfer yr ehangiad binomaidd o'r llyfryn fformiwlâu.

$$(a + b)^n = a^n + \binom{n}{1}a^{n-1}b + \binom{n}{2}a^{n-2}b^2 + \ldots$$

Yma, $a = 3$, $b = 2x$ ac $n = 3$.

Mae rhoi'r gwerthoedd hyn i mewn i'r fformiwlâu yn rhoi:

$$(3 + 2x)^3 = 3^3 + \binom{3}{1}3^2(2x) + \binom{3}{2}3^1(2x)^2 + \binom{3}{3}3^0(2x)^3$$

Gan fod $n = 3$ yma, rydyn ni'n edrych am y llinell yn nhriongl Pascal sy'n dechrau ar 1 ac yna 3, ac ati.

Gallwch weld mai'r rhifau yn y llinell hon yw: 1 3 3 1

Mae'r rhain yn cynrychioli'r rhifau a all gynrychioli'r ffactorialau.

Felly, er enghraifft $\binom{3}{1} = 3$ a $\binom{3}{3} = 1$.

Trwy hyn, gallwn ysgrifennu'r mynegiad fel hyn:

$$(3 + 2x)^3 = (1)3^3 + (3)3^2(2x) + (3)3^1(2x)^2 + (1)3^0(2x)^3$$

Trwy hyn $(3 + 2x)^3 = 27 + 54x + 36x^2 + 8x^3$

> Cofiwch fod $3^0 = 1$

2 Mae'r fformiwla fel a ganlyn:

$$(a + b)^n = a^n + \binom{n}{1}a^{n-1}b + \binom{n}{2}a^{n-2}b^2 + \ldots + \binom{n}{r}a^{n-r}b^r + \ldots + b^n$$

Yma, $n = 6$, $a = x$ a $b = \dfrac{3}{x}$.

Mae amnewid y gwerthoedd ar gyfer a, b ac n i mewn yn rhoi

$$\left(x + \frac{3}{x}\right)^6 = x^6 + \binom{6}{1}x^5\left(\frac{3}{x}\right) + \binom{6}{2}x^4\left(\frac{3}{x}\right)^2 + \binom{6}{3}x^3\left(\frac{3}{x}\right)^3 + \ldots$$

O edrych ar yr uchod, gallwn weld mai'r term yn x^2 yw'r trydydd term yn yr ehangiad.

Y term yn $x^2 = \binom{6}{2}x^4\left(\frac{3}{x}\right)^2$

I ddarganfod y cyfernodau, gadewch i ni ehangu triongl Pascal.

> Yn hytrach na defnyddio triongl Pascal, gallech chi ddefnyddio cyfrifiannell i ddarganfod gwerth $\binom{6}{2}$

```
            1
          1   1
        1   2   1
      1   3   3   1
    1   4   6   4   1
  1   5  10  10   5   1
1   6  15  20  15   6   1
```

Mae llinell olaf triongl Pascal yn dangos y llinell sydd ei hangen arnom, gan fod angen i'r ail rif yn y llinell fod yn 6, sef y pŵer mae angen codi'r gromfach iddo.

Am fod $\binom{6}{2} = 15$, mae gennym ni'r term yn $x^2 = 15x^4\left(\frac{3}{x}\right)^2 = 135x^2$

3 (a) Daw'r fformiwla ar gyfer ehangu $(1 + x)^n$ o'r llyfryn fformiwlâu.

$$(1 + x)^n = 1 + nx + \frac{n(n-1)x^2}{2!} + \frac{n(n-1)(n-2)x^3}{3!} + \ldots$$

Mae rhoi $n = 7$ i mewn i'r fformiwla hon yn rhoi:

$$(1 + x)^7 = 1 + 7x + \frac{7(6)x^2}{2!} + \frac{7(6)(5)x^3}{3!} + \ldots$$

Sylwch mai rhoi bras werth yn unig y byddwn ni wrth ddefnyddio'r pedwar term cyntaf.

Trwy hyn, $\quad (1 + x)^7 \approx 1 + 7x + \dfrac{7(6)x^2}{2!} + \dfrac{7(6)(5)x^3}{3!}$

$$\approx 1 + 7x + 21x^2 + 35x^3$$

(b) $(1 + x)^7 \approx 1 + 7x + 21x^2 + 35x^3$

Gadewch i $x = 0.1$

$$(1 + 0.1)^7 \approx 1 + 7(0.1) + 21(0.1)^2 + 35(0.1)^3 \approx 1.945$$

(c) Gallech chi ddefnyddio'r ehangiad ac amnewid $x = -0.01$ iddo.

Sylwch fod $(1 - 0.01)^7 = (0.99)^7$.

> Mae $x = 0.1$ yn cael ei amnewid ar gyfer x yn yr ehangiad.

4 (a) $(a + b)^6 = a^6 + 6a^5b + 15a^4b^2 + 20a^3b^3 + 15a^2b^4 + 6ab^5 + b^6$

Gan fod $a = 1$ a $b = x$, mae gennym ni:

$(1 + x)^6 = 1^6 + 6(1^5)(x) + 15(1^4)(x^2) + 20(1^3)(x^3) + 15(1^2)(x^4) + 6(1)(x^5) + x^6$

$= 1 + 6x + 15x^2 + 20x^3 + 15x^4 + 6x^5 + x^6$

(b) $(1.02)^6 = (1 + 0.02)^6$

Trwy hyn, rydyn ni'n amnewid $x = 0.02$ i'r ehangiad o ran (a).

$$(1 + 0.02)^6 = 1 + 6(0.02) + 15(0.02)^2 + 20(0.02)^3 + 15(0.02)^4 + 6(0.02)^5 + (0.02)^6$$

$$= 1.1262 \text{ (i bedwar lle degol)}$$

> Sylwch ein bod wedi defnyddio triongl Pascal yma i bennu'r cyfernodau yn yr ehangiad, sef 1 6 15 20 15 6 1. Dull arall fyddai defnyddio'r fformiwla i ddarganfod y rhain.

5 Trigonometreg

1 $(2 \cos \theta - 1)(\cos \theta + 1) = 0$

$2 \cos \theta - 1 = 0$

$2 \cos \theta = 1$

$\cos \theta = \dfrac{1}{2}$

> Rydyn ni'n cymryd pob cromfach ac yn rhoi'r cynnwys yn hafal i sero.

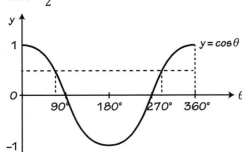

$\theta = 60°, 300°$

$\cos \theta + 1 = 0$

$\cos \theta = -1$

$\theta = 180°$

Trwy hyn, gwerthoedd θ yn yr amrediad yw 60°, 180°, 300°.

> Gallech chi fod wedi defnyddio'r dull CAST i gyfrifo'r onglau.

2 $3 \cos^2 \theta - \cos \theta - 2 = 0$

Mae ffactorio'n rhoi $(3 \cos \theta + 2)(\cos \theta - 1) = 0$

Trwy hyn $3 \cos \theta + 2 = 0$ neu $\cos \theta - 1 = 0$

$\cos \theta = -\dfrac{2}{3}$ neu $\cos \theta = 1$

> Mae'n bwysig gweld bod hwn yn hafaliad cwadratig yn $\cos \theta$. I ddatrys yr hafaliad hwn, rydyn ni'n ei ffactorio ac yna'n rhoi pob cromfach yn hafal i sero. Yna, rydyn ni'n datrys pob hafaliad dilynol.

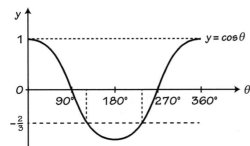

$\theta = 131.8°$ neu 228.2° neu $\theta = 0°$ neu 360°

Trwy hyn, gwerthoedd θ yw 0°, 131.8°, 228.2°, 360°

> Lluniadwch graff $y = \cos \theta$ i ddarganfod yr onglau. Dull arall fyddai defnyddio'r dull CAST.

> Dylech chi bob amser wirio'r amrediad ar gyfer y gwerthoedd o θ sy'n cael eu caniatáu.

3 (a) $3 \sin \theta = 1$, felly $\sin \theta = \frac{1}{3}$ a $\theta = \sin^{-1} \frac{1}{3}$

$\theta = 19.5°, 160.5°$

(b) $\tan \theta = \frac{\sqrt{3}}{2}$ felly $\theta = \tan^{-1} \left(\frac{\sqrt{3}}{2} \right)$

$\theta = 40.9°, 220.9°$

(c) $3 \cos 2\theta = -1$

$\cos 2\theta = -\frac{1}{3}$

$2\theta = \cos^{-1} \left(-\frac{1}{3} \right)$

$2\theta = 109.5°, 250.5°, 469.5°, 610.5°$

$\theta = 54.75°, 125.25°, 234.75°, 305.25°$

(ch) $2 \cos^2 \theta + \sin \theta - 1 = 0$

$2(1 - \sin^2 \theta) + \sin \theta - 1 = 0$

$2 - 2 \sin^2 \theta + \sin \theta - 1 = 0$

$2 \sin^2 \theta - \sin \theta - 1 = 0$

$(2 \sin \theta + 1)(\sin \theta - 1) = 0$

$\sin \theta = -\frac{1}{2}$ neu $\sin \theta = 1$

$\theta = 90°, 210°, 330°$

4 (a) $6 \sin^2 \theta + 1 = 2(\cos^2 \theta - \sin \theta)$

$6 \sin^2 \theta + 1 = 2(1 - \sin^2 \theta - \sin \theta)$

$6 \sin^2 \theta + 1 = 2 - 2 \sin^2 \theta - 2 \sin \theta$

$8 \sin^2 \theta + 2 \sin \theta - 1 = 0$

$(4 \sin \theta - 1)(2 \sin \theta + 1) = 0$

$\sin \theta = \frac{1}{4}$ neu $\sin \theta = -\frac{1}{2}$

$\theta = \sin^{-1} \left(\frac{1}{4} \right)$ sy'n rhoi $\theta = 14.48°, 165.2°$ neu

$\theta = \sin^{-1} \left(-\frac{1}{2} \right)$ sy'n rhoi $\theta = 210°, 330°$

Trwy hyn $\theta = 14.48°, 165.2°, 210°, 330°$

(b) $\tan (3x - 57°) = -0·81$

$3x - 57 = \tan^{-1} (-0·81)$

$3x - 57 = -39°, 141°, 321°, 501°$

$3x = 18°, 198°, 378°, 558°$

$x = 6°, 66°, 126°, 186°$

Trwy hyn $x = 6°, 66°, 126°$

(c) Gwerth minimwm ffwythiant sin neu cos yw −1.

Trwy hyn, $\sin \phi \geq -1$ a $\cos \phi \geq -1$, felly $2 \sin \phi + 4 \cos \phi > -7$

Mae hyn yn golygu nad oes unrhyw werthoedd sy'n bodloni $2 \sin \phi + 4 \cos \phi = -7$

5 (a) Mae defnyddio'r rheol cosin yn rhoi

$(x + 5)^2 = x^2 + 7^2 - 2 \times x \times 7 \cos BAC$

$x^2 + 10x + 25 = x^2 + 49 - 14x \cos BAC$

$x^2 + 10x + 25 = x^2 + 49 - 14x \left(-\frac{3}{5} \right)$

$x^2 + 10x + 25 = x^2 + 49 + 8.4x$

$1.6x = 24$

$x = 15$ cm

Defnyddiwch naill ai cymesuredd y graff neu'r dull CAST i ddarganfod yr onglau. Gwnewch yn siŵr eich bod yn cynnwys yr onglau yn yr amrediad a nodwyd yn y cwestiwn yn unig.

Sylwch fod hwn yn hafaliad cwadratig yn sin θ.

Mae angen ffurfio hafaliad cwadratig yn sin θ, felly mae $\cos^2 \theta$ yn cael ei droi'n $\sin^2 \theta$ gan ddefnyddio $\cos^2 \theta = 1 - \sin^2 \theta$.

Yn eich ateb terfynol, cofiwch roi'r gwerthoedd sydd yn yr amrediad a nodwyd yn y cwestiwn yn unig. Gall marciau gael eu tynnu am werthoedd y tu allan i'r amrediad.

Sylwch fod 186° y tu allan i'r amrediad, felly mae'n cael ei anwybyddu.

(b) Arwynebedd y triongl = $\frac{1}{2} ab \sin C$

$$= \frac{1}{2} \times 15 \times 7 \times \sin BAC$$

Nawr $\sin BAC = \frac{4}{5}$

Arwynebedd y triongl = $\frac{1}{2} \times 15 \times 7 \times \frac{4}{5}$

$$= 42 \text{ cm}^2$$

(c) $42 = \frac{1}{2} \times 20 \times AD$

AD = 4.2 cm

6 (a) Gan ddefnyddio'r rheol cosin

$AC^2 = 8^2 + 15^2 - 2 \times 8 \times 15 \cos 60°$

$AC^2 = 64 + 225 - 240 \times \frac{1}{2}$

$AC^2 = 169$

AC = 13 cm

(b) Gan ddefnyddio'r rheol sin $\frac{b}{\sin B} = \frac{c}{\sin C}$

$$\frac{13}{\sin 60°} = \frac{8}{\sin \theta}$$

$$\sin \theta = \frac{8 \times \sin 60°}{13}$$

$\theta = 32.2°$ (i'r 0.1° agosaf)

Yma, rydyn ni'n gwybod yr ochrau a'r ongl gynwysedig ac rydyn ni eisiau darganfod yr ochr arall. Yn y sefyllfa hon, mae'r rheol cosin yn cael ei defnyddio.

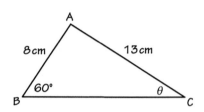

6 Ffwythiannau esbonyddol a logarithmau

1 $\log_3 \frac{1}{2^3} + \log_3 27 + 3 = \log_3 2^{-3} + \log_3 3^3 + 3 \log_3 3$

$$= -3 \log_3 2 + 3 \log_3 3 + 3 \log_3 3$$

$$= 6 - 3 \log_3 2$$

Nawr, $\log_3 3 = 1$

2 Nawr $1 = \log_2 2$

$\log_2 36 - \log_2 15 + \log_2 100 + 1 = \log_2 \left(\frac{36 \times 100 \times 2}{15} \right)$

$$= \log_2 480$$

3 $3 \log_{10} 4 - \frac{1}{2} \log_{10} 64 + 1 = \log_{10} 64 - \log_{10} 8 + \log_{10} 10$

$$= \log_{10} \frac{64 \times 10}{8}$$

$$= \log_{10} 80$$

4 Gadewch i $p = \log_3 a$ felly $a = 3^p$

Gadewch i $q = \log_a 15$ felly $a^q = 15$

Nawr $a^q = (3^p)^q = 3^{pq}$

Ond $a^q = 15$

Trwy hyn $3^{pq} = 15$

Mae cymryd log i fôn 3 y ddwy ochr yn rhoi

$$\log_3 3^{pq} = \log_3 15$$

$$pq \log_3 3 = \log_3 15$$

Nawr $\log_3 3 = 1$

Trwy hyn $pq = \log_3 15$

Trwy hyn $\log_3 a \times \log_a 15 = \log_3 15$

5 $2^{3-2x} = 5$

Gan gymryd log i fôn 10 y ddwy ochr

$$\log_{10} 2^{3-2x} = \log_{10} 5$$
$$(3 - 2x)\log_{10} 2 = \log_{10} 5$$
$$(3 - 2x) = \frac{\log_{10} 5}{\log_{10} 2}$$
$$(3 - 2x) = 2.322$$
$$0.678 = 2x$$
$$x = 0.34 \text{ (2 d.p.)}$$

Mae'r rheol $\log_{10} x^k = k\log_{10} x$ yn cael ei defnyddio yma

Byddwch yn ofalus yma; nid yw $\dfrac{\log_{10} 5}{\log_{10} 2}$ yr un peth â $\log_{10} \dfrac{5}{2}$

6 $9^x - 5(3^x) + 6 = 0$

Gadewch i $y = 3^x$ felly $y^2 = 3^{2x}$

Trwy hynny, gallwn ysgrifennu $\quad 9^x - 5(3^x) + 6 = 0$

yn y ffurf $y^2 - 5y + 6 = 0$

$$(y - 3)(y - 2) = 0$$

Trwy hynny, $y = 3$ neu 2

Pan fydd $y = 3$, $3 = 3^x$, felly $x = 1$

Pan fydd $y = 2$, $2 = 3^x$

Gan gymryd log y ddwy ochr

$$\log_{10} 2 = \log_{10} 3^x$$
$$\log_{10} 2 = x\log_{10} 3$$
$$x = \frac{\log_{10} 2}{\log_{10} 3} = 0.63$$

Cofiwch roi'r ateb yn gywir i'r nifer o leoedd degol neu ffigurau ystyrlon sydd eu hangen.

Os edrychwch chi ar yr hafaliad hwn yn ofalus, dylech chi sylwi ei bod yn bosibl ei droi yn hafaliad cwadratig.

7 Differu

1 Bydd cynnydd bach δx yn x yn achosi cynnydd bach δy yn y.

Mae amnewid $x + \delta x$ ac $y + \delta y$ i'r hafaliad yn rhoi:

$$y + \delta y = (x + \delta x)^3 - 5(x + \delta x)$$

Nawr $(x + \delta x)^3 = (x + \delta x)(x^2 + 2x\delta x + (\delta x)^2)$
$$= x^3 + 2x^2\delta x + x(\delta x)^2 + x^2\delta x + 2x(\delta x)^2 + (\delta x)^3$$
$$= x^3 + 3x^2\delta x + 3x(\delta x)^2 + (\delta x)^3$$

Trwy hyn $y + \delta y = x^3 + 3x^2\delta x + 3x(\delta x)^2 + (\delta x)^3 - 5(x + \delta x)$
$$= x^3 + 3x^2\delta x + 3x(\delta x)^2 + (\delta x)^3 - 5x - 5\delta x$$

Ond $y = x^3 - 5x$

Mae tynnu'r hafaliadau hyn yn rhoi

$$\delta y = 3x^2\delta x + 3x(\delta x)^2 + (\delta x)^3 - 5\delta x$$

Gan rannu'r ddwy ochr â δx

$$\frac{\delta y}{\delta x} = 3x^2 + 3x\delta x + (\delta x)^2 - 5$$

Gan adael i $\delta x \to 0$

$$\frac{dy}{dx} = \underset{\delta x \to 0}{\text{terfan}} \frac{\delta y}{\delta x} = 3x^2 - 5$$

2 $y = \sqrt[3]{x^2} + \dfrac{64}{x}$

$y = x^{\frac{2}{3}} + 64x^{-1}$

$$\frac{dy}{dx} = \frac{2}{3}x^{-\frac{1}{3}} - 64x^{-2} = \frac{2}{3\sqrt[3]{x}} - \frac{64}{x^2}$$

Pan fydd $x = 8$, $\dfrac{dy}{dx} = \dfrac{2}{3\sqrt[3]{8}} - \dfrac{64}{8^2} = \dfrac{1}{3} - 1 = -\dfrac{2}{3}$

3 (a) Lled = x felly hyd = $25 - x$

Arwynebedd = $x(25 - x)$

$= 25x - x^2$

(b) (i) $A = 25x - x^2$

$\dfrac{dA}{dx} = 25 - 2x$

Mae gwerth macsimwm A yn digwydd pan fydd $\dfrac{dA}{dx} = 0$

$25 - 2x = 0$

Trwy hyn $x = 12.5$ m

Y lled yw 12.5 m a'r hyd yw $25 - 12.5 = 12.5$ m

(ii) Arwynebedd = $12.5 \times 12.5 = 156.25$ m^2

4 Yn gyntaf, darganfyddwch y graddiant

$$f'(x) = \frac{3x^2}{3} - 2x - 8$$

$$= x^2 - 2x - 8$$

Nawr mae angen i ni ddarganfod gwerthoedd x a fydd yn gwneud y mynegiad hwn yn llai na sero. Yn gyntaf, darganfyddwch wreiddiau'r hafaliad.

$$x^2 - 2x - 8 = 0$$

$$(x - 4)(x + 2) = 0$$

O'r graff, rydyn ni eisiau'r rhannau hynny o'r gromlin sydd o dan yr echelin-x (ond nid arni). Trwy hyn, yr amrediad o werthoedd lle mae $f(x)$ yn ffwythiant lleihaol yw $-2 < x < 4$.

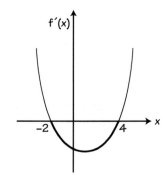

8 Integru

1 $\int (5x^4 + 4x^3 - 2x^2 + x - 1)dx$

$$= \frac{5x^5}{5} + \frac{4x^4}{4} - \frac{2x^3}{3} + \frac{x^2}{2} - x + c$$

$$= x^5 + x^4 - \frac{2x^3}{3} + \frac{x^2}{2} - x + c$$

2 $(x - 1)(x + 8) = x^2 + 8x - x - 8$

$$= x^2 + 7x - 8$$

$\int (x - 1)(x + 8)dx = \int (x^2 + 7x - 8)\,dx$

$$= \frac{x^3}{3} + \frac{7x^2}{2} - 8x + c$$

3 $y = \int (3x^2 - 10x + 4)dx$

$$= \frac{3x^3}{3} - \frac{10x^2}{2} + 4x + c$$

$$= x^3 - 5x^2 + 4x + c$$

Nawr pan fydd $x = 2$, $y = 4$, felly mae amnewid y gwerthoedd hyn i'r hafaliad uchod yn rhoi

$$4 = (2)^3 - 5(2)^2 + 4(2) + c$$

Mae datrys yn rhoi $c = 8$

Trwy hyn $y = x^3 - 5x^2 + 4x + 8$

4 $\int \left(\dfrac{x^2}{5} + \dfrac{x}{2} \right)dx = \dfrac{x^3}{5 \times 3} - \dfrac{x^2}{2 \times 2} + c$

$$= \frac{x^3}{15} - \frac{x^2}{4} + c$$

> Sylwch, wrth i chi gynyddu'r indecs gan un ac yna rhannu â'r indecs newydd, a oes rhif eisoes yn yr enwadur, mae'r rhif newydd yn cael ei luosi â hwnnw.

5 $\int_0^1 \frac{2}{3}(5x-6)dx = \frac{2}{3}\int_0^1 (5x-6)dx$

$\frac{2}{3}\int_0^1 (5x-6)dx = \frac{2}{3}\left[\frac{5x^2}{2} - 6x\right]_0^1$

$= \frac{2}{3}\left[\left(\frac{5(1)^2}{2} - 6(1)\right) - (0)\right]$

$= \frac{2}{3}\left(-3.5\right)$

$= -2.33$

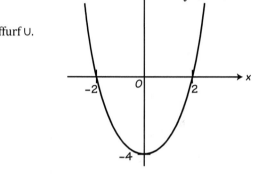

Sylwch y gallwch chi ddileu'r ffracsiwn y tu allan i arwydd yr integryn a fydd yn gwneud yr integru'n haws.

6 (a) I ddarganfod lle mae'r gromlin yn croestorri'r echelin-x, rydyn ni'n amnewid $y = 0$ i hafaliad y gromlin.

Trwy hyn, $x^2 - 4 = 0$

$(x - 2)(x + 2) = 0$

Mae datrys yn rhoi $x = 2$ neu -2.

Sylwch, gan fod gan y gromlin gyfernod positif i x^2, y bydd y gromlin ar ffurf ∪.

Mae braslunio'r gromlin yn rhoi'r graff sy'n cael ei ddangos.

(b) $\int_2^3 (x^2 - 4)dx = \left[\frac{x^3}{3} - 4x\right]_2^3$

$= \left[\left(\frac{3^3}{3} - 4(3)\right) - \left(\frac{2^3}{3} - 4(2)\right)\right]$

$= (9 - 12) - \left(\frac{8}{3} - 8\right)$

$= \frac{7}{3}$

$\int_0^2 (x^2 - 4)dx = \left[\frac{x^3}{3} - 4x\right]_0^2$

$= \left[\left(\frac{2^3}{3} - 4(2)\right) - (0)\right]$

$= -\frac{16}{3}$

(c) Mae'r integryn positif yn cynrychioli'r arwynebedd uwchben yr echelin-x ac mae'r arwynebedd negatif yn cynrychioli'r arwynebedd o dan yr echelin-x.

7 (a) $\int\left(\frac{3}{\sqrt[4]{x}} - 9x^{\frac{5}{2}}\right)dx = \int\left(3x^{-\frac{1}{4}} - 9x^{\frac{5}{2}}\right)dx$

$= \frac{3x^{\frac{3}{4}}}{\frac{3}{4}} - \frac{9x^{\frac{7}{2}}}{\frac{7}{2}} + c$

$= 4x^{\frac{3}{4}} - \frac{18x^{\frac{7}{2}}}{7} + c$

Angen newid y term $\frac{3}{\sqrt[4]{x}}$ i ffurf indecs yn barod i'w integru.

(b) Arwynebedd $= \int_1^4 (2x^2 + 6x^{-2})dx$

$= \left[\frac{2x^3}{3} + \frac{6x^{-1}}{-1}\right]_1^4$

$= \left[\frac{2x^3}{3} - \frac{6}{x}\right]_1^4$

$= \left[\left(\frac{2 \times 4^3}{3} - \frac{6}{4}\right) - \left(\frac{2 \times 1^3}{3} - \frac{6}{1}\right)\right]$

$= 46.5$ uned sgwâr.

8 (a) $\dfrac{dy}{dx} = x^2 + 2x - 8$

Felly, $y = \int (x^2 + 2x - 8)dx$

Mae integru'r ddwy ochr mewn perthynas ag x yn rhoi

$$y = \frac{x^3}{3} + \frac{2x^2}{2} - 8x + c$$

$$y = \frac{x^3}{3} + x^2 - 8x + c$$

Nawr gan fod y pwynt $(3, 0)$ yn gorwedd ar y gromlin, bydd y cyfesurynnau'n bodloni hafaliad y gromlin. Felly,

$$0 = \frac{(3)^3}{3} + (3)^2 - 8(3) + c$$

Mae datrys yn rhoi $c = 6$.

Trwy hyn $y = \dfrac{x^3}{3} + x^2 - 8x + 6$

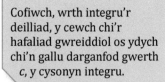

Cofiwch, wrth integru'r deilliad, y cewch chi'r hafaliad gwreiddiol os ydych chi'n gallu darganfod gwerth c, y cysonyn integru.

(b) Yn y pwyntiau arhosol, $\dfrac{dy}{dx} = 0$, felly $x^2 + 2x - 8 = 0$.

Mae ffactorio'r hafaliad cwadratig yn rhoi $(x - 2)(x + 4) = 0$.

Trwy hyn, $x = 2$ neu -4

Pan fydd $x = 2$, $\qquad y = \dfrac{(2)^3}{3} + (2)^2 - 8(2) + 6 = -3\frac{1}{3}$

Pan fydd $x = -4$, $\qquad y = \dfrac{(-4)^3}{3} + (-4)^2 - 8(-4) + 6 = 32\frac{2}{3}$

Os y cyfesuryn-x yn unig roedd ei angen yn y cwestiwn, byddai wedi dweud hynny. Os yw'r cwestiwn yn gofyn am gyfesurynnau'r pwynt arhosol, rhaid i chi roi cyfesurynnau-x ac -y.

(c) Mae darganfod y rhyngdoriad ar yr echelin-y drwy amnewid $x = 0$ i hafaliad y gromlin yn rhoi

$$y = \frac{(0)^3}{3} + (0)^2 - 8(0) + 6 = 6.$$

Gan ychwanegu'r pwyntiau at y braslun, mae gennym ni'r graff sydd wedi'i ddangos.

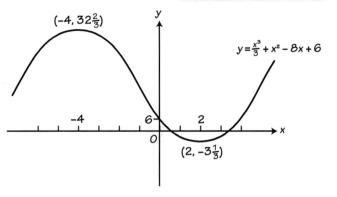

9 (a) Yn gyntaf, mae angen darganfod graddiant y tangiad yn B.

$$\frac{dy}{dx} = 3 - 2x$$

Pan fydd $x = 2$, $\quad \dfrac{dy}{dx} = 3 - 2(2) = -1$

Hafaliad y tangiad yn B yw $\quad y - 2 = -1(x - 2)$

$$y = -x + 4$$

(b) I ddarganfod cyfesuryn C, amnewidiwch $y = 0$ i hafaliad y tangiad.

$0 = -x + 4$, felly $x = 4$ ac C yw'r pwynt $(4, 0)$

I ddarganfod cyfesurynnau'r pwynt A, rydyn ni'n amnewid hafaliad yr echelin-x (hynny yw $y = 0$) i hafaliad y gromlin.

Felly, $\quad 3x - x^2 = 0$

$x(3 - x) = 0$

$x = 0$ neu 3 felly mae'n rhaid mai A yw'r pwynt sydd â chyfesuryn-x = 3

Trwy hyn, mae gan A y cyfesurynnau $(3, 0)$

Arwynebedd triongl BCD $= \dfrac{1}{2} \times$ CD $\times$ BD $= \dfrac{1}{2} \times 2 \times 2 = 2$ uned sgwâr.

Arwynebedd o dan y gromlin rhwng A a D $= \int_2^3 y\, dx$

$$= \int_2^3 (3x - x^2)dx$$

$$= \left[\frac{3x^2}{2} - \frac{x^3}{3}\right]_2^3$$

$$= \left[\left(\frac{3(3)^2}{2} - \frac{(3)^3}{3}\right) - \left(\frac{3(2)^2}{2} - \frac{(2)^3}{3}\right)\right] = \left[\left(\frac{27}{2} - 9\right) - \left(6 - \frac{8}{3}\right)\right] = \frac{7}{6} \text{ uned sgwâr.}$$

Arwynebedd wedi'i dywyllu $= 2 - \dfrac{7}{6} = \dfrac{5}{6}$ uned sgwâr.

9 Fectorau

1 (a) 2**a** – **b** = 2(4**i** – 3**j**) – (–2**i** + 5**j**)

= 8**i** – 6**j** + 2**i** – 5**j**

= 10**i** – 11**j**

(b)

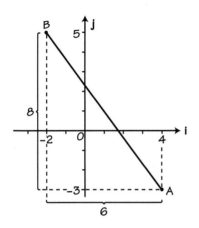

Yn ôl theorem Pythagoras

$AB^2 = 8^2 + 6^2$

$AB = 10$

Dull arall fyddai mynegi A a B fel (4, –3) a (–2, 5) yn ôl eu trefn a defnyddio'r fformiwla i ddarganfod y pellter rhwng dau bwynt.

2

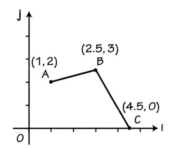

Mae bob amser yn werth treulio'r amser yn lluniadu diagram wrth ateb cwestiynau am fectorau.

(a) **AB** = **AO** + **OB**

= (–**i** – 3**j**) + (3**i** + 4**j**)

= 2**i** + **j**

(b) |**AB**| = $\sqrt{2^2 + 1}$ = $\sqrt{5}$

Cofiwch y gall fectorau gael eu hysgrifennu mewn teip trwm yn hytrach na'u hysgrifennu â saeth drostynt. Byddwch yn barod i'r naill neu'r llall gael eu defnyddio yn yr arholiad.

3

Peidiwch â chyfrifo hwn gan ddefnyddio cyfrifiannell am fod angen yr union werth.

(a) Graddiant AB = $\frac{3-2}{2.5-1}$ = $\frac{1}{1.5}$ = $\frac{2}{3}$

Graddiant BC = $\frac{3-0}{2.5-4.5}$ = $-\frac{3}{2}$

Lluoswm y graddiannau = $\frac{2}{3} \times -\frac{3}{2}$ = –1 felly mae AB a BC yn berpendicwlar

(b) **AC** = **AB** + **BC**

AC = (1.5**i** + **j**) + (2**i** – 3**j**)

= 3.5**i** – 2**j**

Dull arall fyddai defnyddio'r fectorau safle i gyfrifo **AB** ac **AC**, e.e. **AB** = **AO** + **OB**

4 (a) **AB = AO + OB**

$\quad\quad\quad$ = (2**i** + **j**) + (4**i** + **j**)

$\quad\quad\quad$ = 6**i** + 2**j**

(b) **DC** = 6**i** + 2**j**

$\quad\quad$ Gan fod **AB** a **DC** yn fectorau unfath, maen nhw'n baralel ac o'r un hyd.

> I fynd o D i C, rydych chi'n mynd 6 uned i gyfeiriad **i** bositif a 2 uned i gyfeiriad **j** bositif.

5 (a) (i) $\quad$ 2**a** – 3**b** = 2(9**i** – 2**j**) – 3(–3**i** + 3**j**)

$\quad\quad\quad\quad\quad\quad$ = 18**i** – 4**j** + 9**i** – 9**j**

$\quad\quad\quad\quad\quad\quad$ = 27**i** – 13**j**

$\quad\quad$ (ii) $\quad$ Cyfesurynnau P a Q yw (9, –2) a (–3, 3) yn ôl eu trefn.

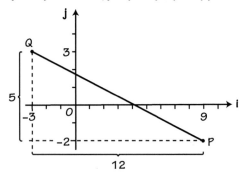

$\quad\quad\quad\quad$ Yn ôl theorem Pythagoras $\quad\quad$ PQ^2 = 12^2 + 5^2

$\quad\quad\quad\quad\quad\quad\quad\quad\quad\quad\quad\quad\quad\quad\quad\quad$ PQ = 13

> Fel arall, gallech chi ddefnyddio'r fformiwla ar gyfer darganfod y pellter rhwng dau bwynt:
> $$d = \sqrt{(x_2 - x_1)^2 + (y_2 - y_1)^2}$$
> $$PQ = \sqrt{(-3 - 9)^2 + (3 - (-2))^2}$$
> $$PQ = 13\,\dot{}$$

(b) (i)

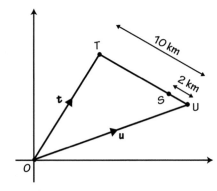

$\quad\quad$ Fector safle S = $\overrightarrow{OS}$

$\quad\quad$ $\overrightarrow{OS}$ = $\overrightarrow{OU}$ + $\overrightarrow{US}$

$\quad\quad$ Nawr $\overrightarrow{US}$ = $\frac{1}{5}\overrightarrow{UT}$ ac $\overrightarrow{UT}$ = $\overrightarrow{UO}$ + $\overrightarrow{OT}$ = **t** – **u**

$\quad\quad$ Trwy hyn, $\overrightarrow{OS}$ = $\overrightarrow{OU}$ + $\overrightarrow{US}$ = **u** + $\frac{1}{5}$(**t** – **u**) = $\frac{4}{5}$**u** + $\frac{1}{5}$**t**

$\quad\quad$ Fector safle S = $\frac{4}{5}$**u** + $\frac{1}{5}$**t**

$\quad\quad$ (ii) $\quad$ Gan edrych ar fector safle S $\left(\text{h.y. } \frac{4}{5}\textbf{u} + \frac{1}{5}\textbf{t}\right)$, cyfernod **t** yw 1 – (cyfernod **u**). Byddai hyn yn wir ar gyfer unrhyw bwynt ar y llinell sy'n uno T ac U.

$\quad\quad\quad\quad$ Mae gan y graig y fector safle $\frac{3}{5}$**u** + $\frac{1}{5}$**t**. Nawr, dylai cyfernod **t** $\left(\text{h.y. } \frac{3}{5}\right)$ fod yn 1 – (cyfernod **u**) $\left(\text{h.y. } \frac{1}{5}\right)$, ond 1 – $\frac{3}{5}$ = $\frac{2}{5}$ felly nid yw hyn yn wir.

$\quad\quad\quad\quad$ Trwy hyn, nid yw'r graig yn gorwedd ar y llinell sy'n uno T ac U.

6 (a)

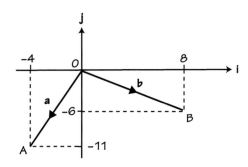

$$\textbf{AB} = \textbf{AO} + \textbf{OB}$$
$$= -\textbf{a} + \textbf{b}$$
$$= \textbf{b} - \textbf{a}$$
$$= (8\textbf{i} - 6\textbf{j}) - (-4\textbf{i} - 11\textbf{j})$$
$$= 12\textbf{i} + 5\textbf{j}$$

(b) Maint $\textbf{AB} = \sqrt{12^2 + 5^2}$
$$= \sqrt{169}$$
$$= 13$$

(c)

> Nodwch bwynt M ar y diagram.

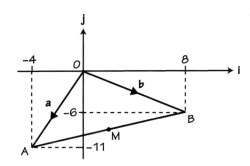

Gan mai **m** yw fector safle canolbwynt M, **OM** = **m**

$$\textbf{BM} = \textbf{BO} + \textbf{OM}$$
$$= -\textbf{b} + \textbf{m}$$
$$= \textbf{m} - \textbf{b}$$
$$\textbf{MA} = \textbf{MO} + \textbf{OA}$$
$$= -\textbf{m} + \textbf{a}$$
$$= \textbf{a} - \textbf{m}$$

Gan mai M yw canolbwynt AB

$$\textbf{BM} = \textbf{MA}$$
$$\textbf{m} - \textbf{b} = \textbf{a} - \textbf{m}$$
$$2\textbf{m} = \textbf{a} + \textbf{b}$$
$$\textbf{m} = \frac{1}{2}(\textbf{a} + \textbf{b})$$
$$= \frac{1}{2}(-4\textbf{i} - 11\textbf{j} + 8\textbf{i} - 6\textbf{j})$$
$$= \frac{1}{2}(4\textbf{i} - 17\textbf{j})$$

7 (a) **AB = AO + OB**

$\qquad$ = -**a** + **b** = **b** - **a**

$\qquad$ = (14**i** - 2**j**) - (2**i** + 3**j**)

$\qquad$ = 12**i** - 5**j**

(b) |**AB**| = $\sqrt{(12)^2 + (-5)^2}$ = 13

(c)

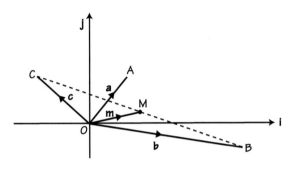

Gan mai **m** yw fector safle'r canolbwynt M, **OM = m**

$\quad$ **OM = OB + BM**

$\quad$ **BM = OM – OB**

$\qquad$ = **m – b**

Hefyd, **MC = MO + OC**

$\qquad\qquad$ = -**m** + **c**

$\qquad\qquad$ = **c – m**

Nawr **BM = MC**, felly **m – b = c – m**

$\qquad$ 2**m = b + c**

$\qquad$ **m** = $\frac{1}{2}$(**b** + **c**)

$\qquad$ **m** = $\frac{1}{2}$(-8**i** + 3**j** + 14**i** - 2**j**) = 3**i** + $\frac{1}{2}$**j**

(ch) Gan fod P yn rhannu AC yn ôl y gymhareb 3 : 7, AP : PC = 3 : 7

$\qquad$ Trwy hyn, 7**AP** = 3**PC**

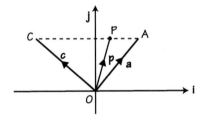

$\qquad$ Os **p** yw fector safle **OP**, yna 7(**p – a**) = 3(**c – p**)

$\qquad\qquad$ 10**p** = 3**c** + 7**a**

$\qquad\qquad\quad$ = 3(-8**i** + 3**j**) + 7(2**i** + 3**j**)

$\qquad\qquad$ **p** = -**i** + 3**j**

> Gall y fectorau ag **i** a **j** nawr gael eu hamnewid ar gyfer **b** ac **c**.

Uned 2 Mathemateg Gymhwysol A
Adran A: Ystadegaeth

1 Samplu ystadegol

1 (a) Y boblogaeth yw holl aelodau'r set sy'n rhan o'r astudiaeth/ymchwil. Yn y cyd-destun hwn, byddai hynny'n golygu'r 2000 o fyfyrwyr sy'n mynychu'r ysgol.

Mae sampl yn is-set lai o'r boblogaeth sy'n cael ei ddefnyddio i ddod i gasgliadau am y boblogaeth. Yn y cyd-destun hwn, byddai hynny'n golygu'r myfyrwyr mae'r pennaeth yn eu holi.

(b) (i) Rhowch rif gwahanol i enwau pob myfyriwr o 1 i 2000. Cynhyrchwch 200 o haprifau rhwng 1 a 2000 gan ddefnyddio cyfrifiannell, rhaglen gyfrifiadurol neu dablau, ac os yw'r rhif eisoes wedi'i ddewis, dewiswch eto nes bod gennych chi 200 o rifau.

Parwch bob rhif ag enw'r myfyriwr, a rhowch yr holiadur iddyn nhw i'w lenwi.

(ii) Un fantais yw na ddylai fod unrhyw duedd samplu gan fod y sampl yn hapsampl gwirioneddol. Un anfantais yw bod cynhyrchu'r sampl yn cymryd llawer o amser.

(c) (i) $\text{Cyfwng samplu} = \dfrac{\text{poblogaeth}}{\text{maint y sampl}} = \dfrac{2000}{200} = 10$

(ii) Rhowch rif i bob myfyriwr o 1 i 2000.

Dychmygwch fod yr holl rifau wedi'u trefnu ar ffurf cylch.

Dewiswch haprif fel man cychwyn.

Cyfrifwch y cyfwng samplu (h.y. 10 yn yr achos hwn).

Cofnodwch y rhif cychwynnol, ac yna pob degfed rhif ar ôl hynny; cofnodwch y rhif nes bod pob un o'r 200 o rifau wedi'u casglu.

Parwch bob rhif ag enw'r myfyriwr, ac anfonwch yr holiadur atyn nhw.

(iii) Un fantais, er enghraifft: Mae'r sampl yn hawdd ei ddewis.

Un anfantais, er enghraifft: Llai ar hap na hapsamplu syml.

2 Gall John roi rhif o 1 i 500 i bob archeb.

Gall osod peiriant haprifau (ar lein neu ar gyfrifiannell) i gynhyrchu hapgyfanrifau o 1 i 500.

Os yw haprif eisoes wedi'i ddewis, gall ei anwybyddu a dewis un arall.

Gall fynd ymlaen â'r broses nes bod 50 o rifau wedi'u dewis.

Gan ddefnyddio'r 50 o haprifau, gall ddewis yr archebion cyfatebol ar gyfer y sampl.

3 (a) $\text{Cymedr} = \dfrac{1+1+3+1+5+4+2+4+3+1}{10} = 2.5$

(b) (i) $\text{Cyfwng samplu} = \dfrac{\text{poblogaeth}}{\text{maint y sampl}} = \dfrac{30}{5} = 6$

(ii) 5, 5, 5, 5, 2

(iii) $\text{Cymedr} = \dfrac{5+5+5+5+2}{5} = 4.4$

(c) Roedd y cymedr a gafwyd gan ddefnyddio'r samplu systematig yn uwch am fod y cyfwng samplu wedi digwydd taro ar y gwerthoedd uwch (h.y. 5oedd yn bennaf). Byddai cyfwng samplu gwahanol wedi arwain at gymedr is.

Defnyddiodd y sampl cyfle ddata oedd yn adlewyrchu gweddill y data yn well, a rhoddodd gymedr mwy cywir yn yr achos hwn.

(ch) Samplu cyfle:

Mantais – hawdd creu'r sampl gan ei fod yn cael ei wneud yn y ffordd fwyaf cyfleus.

Anfantais – nid yw'r sampl wedi'i hapddewis, felly gall fod yn anghynrychioliadol o'r boblogaeth.

> Mae'r haprif 5 yn golygu eich bod yn cyfrif hyd at y pumed gwerth yn y rhestr. Y rhif hwn wedyn yw'r eitem gyntaf o ddata yn y sampl. Nawr cyfrifwch ymlaen chwe rhif a bydd hyn yn rhoi'r ail werth data. Caiff hyn ei ailadrodd nes bod y 5 gwerth data wedi'u cael.

Samplu systematig:

Mantais – mae'n ddull o samplu ar hap.

Anfantais – gan ddefnyddio'r cyfwng samplu, gallech chi daro ar werthoedd anghynrychioliadol.

2 Cyflwyno a dehongli data

1 (a) Mae data meintiol bob amser yn rhifiadol.   Cywir

(b) Gall data arwahanol fod o unrhyw werth.   Anghywir

(c) Mewn graffiau bar, mae data meintiol ar yr echelin-*x*.   Anghywir

(ch) Mae uchder bar mewn graff bar yn cynrychioli'r amlder.   Cywir

(d) Mewn histogramau, mae bylchau rhwng y barrau.   Anghywir

(dd) Mae gwerthoedd rhifiadol ar ddwy echelin histogram.   Cywir

(e) Mae lled barrau histogramau bob amser yn anhafal.   Anghywir

(f) Mae arwynebedd bar mewn histogram yn cynrychioli'r dwysedd amlder.   Anghywir

2 (a) Mae dosraniad sydd â sgiw bositif wedi'i sgiwio i'r dde.   Cywir

(b) Nid oes sgiw mewn dosraniad sy'n berffaith gymesur.   Cywir

(c) Mae gan graff gwasgariad sydd â chydberthyniad negatif raddiant positif.   Anghywir

(ch) Mae'r modd, y cymedr a'r gwyriad safonol i gyd yn fesurau canolduedd.   Anghywir

(d) Yr amrediad rhyngchwartel yw gwasgariad hanner canol y data pan fydd y data wedi'u trefnu yn nhrefn maint.   Cywir

3 (a) (i) Cydberthyniad positif.

(ii) Y mwyaf yw lled y breichiau, y mwyaf yw'r taldra.

(b) (i) Mae'r graddiant yn cynrychioli cyfradd newid lled y breichiau â thaldra.

(ii) Dylai'r pwynt yn (180, 159) gael ei gylchu. Byddai dileu'r pwynt hwn yn lleihau'r taldra cymedrig ac yn cynyddu lled cymedrig y breichiau.

(iii) Mae'n annhebyg y byddai.

Mae lled breichiau'r baban ymhell y tu allan i'r data a gasglwyd, felly byddai angen allosod y llinell. Nid oes sicrwydd bod yr hafaliad atchwel yn gywir y tu hwnt i'r darlleniadau cyntaf ac olaf.

(iv) Ydy, mae'n fwy na thebyg ei bod yn achosol. Mae'n debygol y bydd gan bobl sy'n dal fesuriadau ffisiolegol eraill mewn cyfrannedd.

4 (a)

Crynodeb o ystadegau	Bechgyn	Merched
Chwartel isaf	30.75	36
Canolrif	46.5	57.5
Chwartel uchaf	61.25	65.25
Marc uchaf	90	85
Marc isaf	15	20
Cymedr	47.6	52.2
Amrediad	75	65
Amrediad rhyngchwartel	30.5	29.25

(b) Gweler y diagram.

(c) Mae amrediad marciau'r bechgyn yn fwy ond ychydig yn fwy yn unig yw gwasgariad hanner canol y data, fel sy'n cael ei ddangos gan yr amrediad rhyngchwartel.

Mae'r cymedr a'r canolrif yn sylweddol uwch ar gyfer y merched.

Yn gyffredinol, gwnaeth y merched yn well yn yr arholiad ac roedd eu marciau nhw wedi'u gwasgaru lai, gan ddangos eu bod nhw'n fwy cyson.

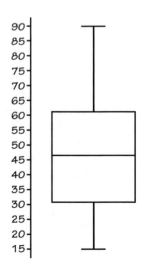

3 Tebygolrwydd

1 (a) Digwyddiadau na allan nhw ddigwydd gyda'i gilydd yw digwyddiadau cydanghynhwysol. Er enghraifft, os digwyddiad A yw 'taflu 6 ar dafliad cyntaf dis' a digwyddiad B yw 'taflu 3 ar dafliad cyntaf dis', yna gall digwyddiad A ddigwydd a gall digwyddiad B ddigwydd, ond ni all y ddau ddigwydd ar yr un adeg.

Digwyddiadau annibynnol yw pan na fydd y ffaith bod un digwyddiad yn digwydd yn dylanwadu ar y tebygolrwydd y bydd y llall yn digwydd, ac i'r gwrthwyneb. Felly, os digwyddiad A yw 'taflu 6 ar dafliad cyntaf y dis' a digwyddiad B yw 'cael pen ar dafliad cyntaf darn arian', yna os yw A yn digwydd, ni fydd hyn yn effeithio ar y siawns bod B yn digwydd, ac i'r gwrthwyneb.

(b) $P(A \cup B) = P(A) + P(B) - P(A \cap B)$

$6 \times P(A \cap B) = P(A) + P(B) - P(A \cap B)$

$7 \times P(A \cap B) = P(A) + P(B)$

$7 \times P(A \cap B) = 0.5 + 0.2$

$7 \times P(A \cap B) = 0.7$

$P(A \cap B) = 0.1$

(c) $P(A \cup B) = 6 \times P(A \cap B)$

$= 6 \times 0.1 = 0.6$

2 (a) $P(A \cup B) = P(A) + P(B)$

$0.4 = 0.25 + P(B)$

$P(B) = 0.15$

(b) $P(A \cup B) = P(A) + P(B) - P(A \cap B)$

$= P(A) + P(B) - P(A) \times P(B)$

$0.4 = 0.25 + P(B) - 0.25 \times P(B)$

$0.15 = 0.75 \times P(B)$

$P(B) = 0.2$

3 (a) Os yw digwyddiadau A a B yn annibynnol,

$P(A \cup B) = P(A) + P(B) - P(A \cap B)$

$P(A \cap B) = P(A) \times P(B)$

$= 0.2 \times 0.5 = 0.1$

$P(A) + P(B) - P(A \cap B) = 0.2 + 0.5 - 0.1 = 0.6$

Am fod $P(A \cup B) \neq 0.6$ nid yw'r digwyddiadau hyn yn annibynnol.

(b) Mae'n golygu bod y ffaith bod un digwyddiad yn digwydd yn dylanwadu ar y tebygolrwydd y bydd y digwyddiad arall yn digwydd.

4 (a) $P(A \cup B) = P(A) + P(B) = 0.35 + 0.45 = 0.8$

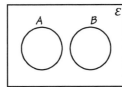

(b) $P(A \cup B) = P(A) + P(B) - P(A \cap B)$

$= 0.35 + 0.45 - (0.35 \times 0.45) = 0.6425$

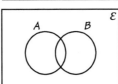

(c) $P(A \cup B) = P(B) = 0.45$

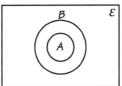

Pan fydd digwyddiadau A a B yn gydanghynhwysol, nid oes gorgyffwrdd rhwng setiau A a B.

Defnyddiwch yr hafaliad hwn ar gyfer digwyddiadau annibynnol.

Defnyddiwch $P(A \cap B) = P(A) \times P(B)$

Rhannwch y ddwy ochr â 0.75

Gan fod digwyddiadau A a B yn gydanghynhwysol, ni all y ddau, A a B, ddigwydd, felly nid oes gorgyffwrdd rhwng y setiau. Sylwch nad oes angen i chi luniadu unrhyw ddiagramau Venn.

Sylwch y byddai'r darn sy'n gorgyffwrdd yn cael ei gynnwys ddwywaith pe baen ni'n ystyried $P(A) + P(B)$ yn unig. O ganlyniad i hyn, mae angen i ni dynnu un o'r darnau hyn sy'n gorgyffwrdd, h.y. $P(A \cap B)$.

Mae set A wedi'i chynnwys y tu mewn i set B felly mae P(A) eisoes wedi'i chynnwys yn P(B).

5 (a) $P(A \cup B) = P(A) + P(B) - P(A \cap B)$

$0.5 = 0.2 + P(B) - P(A \cap B)$

$P(A \cap B) = P(A) \times P(B) = 0.2 \times P(B)$

$0.5 = 0.2 + P(B) - 0.2 \times P(B)$

$0.5 = 0.2 + 0.8 \, P(B)$

$0.3 = 0.8 \, P(B)$

$P(B) = 0.375$

(b) Un ffordd o wneud hyn yw lluniadu diagram Venn a nodi'r amryw debygolrwyddau arno.

$P(A \cap B) = P(A) \times P(B) = 0.2 \times 0.375 = 0.075$

Mae *A* yn digwydd ac nid yw *B* yn digwydd, neu mae *B* yn digwydd ac nid yw *A* yn digwydd.

P(Dim ond *A* yn digwydd) = 0.125

P(Dim ond *B* yn digwydd) = 0.3

P(Dim ond *A* *neu* dim ond *B* yn digwydd)

$\qquad$ = P(Dim ond *A* yn digwydd) + P(Dim ond *B* yn digwydd)

$\qquad$ = 0.125 + 0.30 = 0.425

> Mae dau anhysbysyn yn yr hafaliad hwn, felly mae angen i ni edrych ar hafaliad gwahanol fel bod modd iddyn nhw gael eu datrys yn gydamserol.

> Mae hafaliad arall yn cael ei greu drwy ddarganfod $P(A \cap B)$.

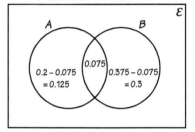

4 Dosraniadau ystadegol

1 (a) Nid yw dosraniad binomaidd yn addas am nad ydych chi'n gwybod cyfanswm nifer tafliadau'r dis, *n*.

(b) Nid yw dosraniad binomaidd yn addas oherwydd pan gaiff y peli eu dileu heb eu dychwelyd, mae'n newid y tebygolrwydd canlynol. Mae hyn yn golygu nad yw'r tebygolrwydd *p* o dynnu pêl goch yn gyson sy'n golygu nad yw'r digwyddiadau'n annibynnol.

(c) Mae dosraniad binomaidd yn addas am fod y tebygolrwydd *p* a nifer y profion *n* yn hysbys. Mae'r profion yn annibynnol am fod y tebygolrwydd *p* yn aros yn gyson.

(ch) Mae dosraniad binomaidd yn addas am fod *p* ac *n* yn hysbys ac mae'r tebygolrwydd o daro llygad y tarw yn aros yn gyson sy'n golygu bod y tafliadau'n annibynnol.

(d) Nid yw dosraniad binomaidd yn addas am fod *p*, y tebygolrwydd o dorri gwydr, yn anhysbys.

(dd) Mae dosraniad binomaidd yn addas am fod *n* a *p* yn hysbys ac mae'r tebygolrwydd o flodeuo yr un peth ar gyfer pob bwlb.

2 (a) $n = 10$, $p = 0.09$ ac $x = 5$

$P(X = 5) = P(X \le 5) - P(X \le 4)$

$\qquad$ = 0.9999 − 0.9990

$\qquad$ = 0.0009

(b) $n = 10$, $p = 0.09$ ac $x = 0$

$P(X = 0) = 0.3894$

(c) $P(X > 5) = 1 - P(X \le 5)$

$\qquad$ = 1 − 0.9999

$\qquad$ = 0.0001

(ch) Mae'r profion yn annibynnol ar ei gilydd.

> Mae tablau'r 'Ffwythiant Dosraniad Binomaidd' wedi'u defnyddio i ateb y cwestiwn hwn. Byddai defnyddio'r fformiwla wedi bod yn ddull arall.

3 (a) (i) $n = 30$, $p = 0.65$ ac $x = 20$

Y dosraniad yw B(20, 0.65)

$$P(X = x) = \binom{n}{x} p^x (1 - p)^{n-x}$$

$$P(X = 20) = \binom{30}{20}(0.65)^{20} (1 - 0.65)^{30-20}$$

$$P(X = 20) = \binom{30}{20}(0.65)^{20} (0.35)^{10} = 0.1502$$

(ii) Gadewch i nifer y bylbiau sy'n methu tyfu = Y

Mae Y wedi'i dosrannu fel B(30, 0.35)

$P(X \geq 15) = P(Y < 14)$

$= 0.9348$

(b) Y dosraniad yw B(n, 0.65)

$P(X = n) = \binom{n}{n}(0.65)^n (1 - 0.65)^{n-n}$

$= \binom{n}{n}(0.65)^n (1 - 0.65)^0$

$= (0.65)^n$

$P(X = n) = 0.005688$

Felly $(0.65)^n = 0.005688$

Gan gymryd $\log_e$ y ddwy ochr,

$\log_e 0.65^n = \log_e 0.005688$

$n\log_e 0.65 = \log_e 0.005688$

$n = \dfrac{\log_e 0.005688}{\log_e 0.65} = 12$

4 (a) (i) $n = 25$, $p = 0.8$ ac $x = 10$

Y dosraniad yw B(25, 0.8)

$P(X = x) = \binom{n}{x}p^x (1 - p)^{n-x}$

$P(X = 10) = \binom{25}{10}(0.8)^{10} (1 - 0.8)^{25-10}$

$P(X = 10) = \binom{25}{10}(0.8)^{10} (0.2)^{15}$

$= 0.0000115$

(ii) Gadewch i $Y = 25 - X$

Mae gan Y y dosraniad B(25, 0.2)

$P(10 \leq X \leq 15) = P(10 \leq Y \leq 15)$

$= P(Y \leq 15) - P(Y \leq 9)$

$= 0.9999 - 0.9827$

$= 0.0172$

(b) Cymedr, $\lambda = 0.04 \times 300 = 12$

$$P(Y = y) = e^{-\lambda}\frac{\lambda^y}{y!}$$

$$P(Y = 5) = e^{-12}\frac{(12)^5}{5!}$$

$$= 0.0127$$

5 $\lambda = np = 10 \times 0.8 = 8$

Gan ein bod eisiau darganfod $P(X < 5)$, mae tablau'r ffwythiant dosraniad Poisson yn darganfod y tebygolrwydd y bydd yr hapnewidyn X sydd â chymedr m yn llai na neu'n hafal i x.

Felly rydyn ni'n darganfod $P(X \leq 4)$ o'r tabl. Mae hyn yn rhoi'r tebygolrwydd cronnus bod llai na 5 gwall (h.y. cyfanswm tebygolrwydd 0, 1, 2, 3 neu 4 gwall).

$P(X \leq 4) = 0.0996$

> Mae'r cymedr yn cael ei ddynodi â'r llythyren m yn y tablau yn hytrach na λ.

6 (a) Cymedr, $\lambda = 0.1 \times 15 = 1.5$

$$P(X = x) = e^{-\lambda}\frac{\lambda^x}{x!}$$

$$P(X = 2) = e^{-1.5}\frac{(1.5)^2}{2!} = 0.2510$$

> Mae hyn yn y llyfryn fformiwlâu, felly nid oes angen i chi ei gofio.

(b) $P(X > 2) = 1 - [P(X = 2) + P(X = 1) + P(X = 0)]$

$$= 1 - \left[0.2510 + e^{-1.5}\frac{(1.5)^1}{1!} + e^{-1.5}\frac{(1.5)^0}{0!}\right] = 0.1911$$

> Mae 0! ac $(1.5)^0$ hefyd, yn hafal i 1.

7 (a) $P(X = x) = e^{-\lambda}\dfrac{\lambda^x}{x!}$

Nifer cymedrig y resins mewn bisged, $\lambda = \dfrac{400}{100} = 4$

$P(X = 0) = e^{-4}\dfrac{(4)^0}{0!} = 0.0183$

(b) $P(X = 0) = 1\% = 0.01$

Rydyn ni nawr yn edrych ar dabl y ffwythiant dosraniad Poisson ac yn edrych ar hyd y rhesi am $x = 0$ nes i ni ddod o hyd i'r tebygolrwydd yng nghorff y tabl o 0.01 neu lai. Mae $m = 5$ yn rhoi tebygolrwydd o 0.0067 sy'n llai na 0.01..

Trwy hyn, mae angen i nifer cymedrig y resins mewn bisged fod yn 5.

Nawr byddai 5 o resins ym mhob un o'r 100 o fisgedi yn golygu bod angen $5 \times 100 = 500$ o resins yn y talp.

8 $P(X = x) = e^{-\lambda}\dfrac{\lambda^x}{x!}$

Nifer cymedrig y galwadau ffôn, $\lambda = 2.5$

$P(X = 6) = e^{-2.5}\dfrac{(2.5)^6}{6!} = 0.0278$

> Mae galwadau ffôn yn cyrraedd neu gwsmeriaid yn dod i mewn i siop yn broblemau 'cyrraedd' Poisson clasurol.

9 (a) (i) Gadewch i X = nifer y cŵn benyw.

Y dosraniad yw B(20, 0.55)

$P(X = x) = \dbinom{n}{x}p^x(1-p)^{n-x}$

$P(X = 12) = \dbinom{20}{12}(0.55)^{12}(1 - 0.55)^{20-12}$

$P(X = 20) = \dbinom{20}{12}(0.55)^{12}(0.45)^8 = 0.1623$

(ii) Gadewch i Y = nifer y cŵn gwryw

Y dosraniad yw B(20, 0.45)

$P(8 \le X \le 16) = P(4 \le Y \le 12)$

$\qquad = P(Y \le 12) - P(Y \le 3)$

$\qquad = 0.9420 - 0.0049 = 0.9371$

> Yn rhan (ii) rydyn ni am ddefnyddio tablau, felly mae angen i ni newid hyn i ystyried y cŵn gwryw. Y rheswm dros hyn yw os ydyn ni'n ystyried y cŵn benyw, mae angen i ni ddefnyddio tebygolrwydd o 0.55 ac i fyny at 0.50 yn unig mae'r tablau'n mynd. Os cyfrifwch chi hyn ar gyfrifiannell, gallwch chi ystyried y cŵn benyw.

(b) Gadewch i R = nifer y cŵn melyn.

Mae gan R y dosraniad B(60, 0.05) ≈ Po(3)

$\qquad P(R < 5) = P(R \le 4) = 0.8153$

> Rydyn ni'n defnyddio'r tablau dosraniad Poisson i edrych am hyn.

10 (a) $P(X = x) = e^{-\lambda}\dfrac{\lambda^x}{x!}$

Nifer cymedrig yr achosion brys, $\lambda = 8$

$P(X = 7) = e^{-8}\dfrac{(8)^7}{7!} = 0.1396$

(b) $P(X < 10) = P(X \le 9) = 0.7166$

> Gan nad oes dull wedi'i nodi, yma gallech chi ddefnyddio'r tablau hefyd.

> Gall tabl y 'ffwythiant dosraniad Poisson' gael ei ddefnyddio i edrych am y tebygolrwydd hwn.

5 Profi rhagdybiaethau ystadegol

1 Gadewch i'r ystadegyn prawf X = nifer y troeon mae'r pêl-droediwr yn sgorio gôl wrth gymryd cic o'r smotyn.

Y rhagdybiaeth nwl yw $\mathbf{H}_0 : p = 0.5$

Y rhagdybiaeth arall yw $\mathbf{H}_1 : p > 0.5$

Mae gan $\mathbf{H}_0$ y dosraniad B(20, 0.5)

$P(X \ge 15) = 1 - P(X \le 14)$

$\qquad = 1 - 0.9793 = 0.0207$

Nawr 0.0207 < 0.05

Trwy hyn, rydyn ni'n gwrthod y rhagdybiaeth nwl $\mathbf{H}_0$ o blaid y rhagdybiaeth arall $\mathbf{H}_1$.

Felly mae'r rheolwr yn gywir yn dweud bod ei debygolrwydd o sgorio cic o'r smotyn yn fwy na 50%.

2 Y rhagdybiaeth nwl H_0 yw bod y darn arian yn deg.

Trwy hyn $H_0 : p = 0.5$

$H_1 : p \neq 0.5$

Mae hwn yn brawf dwygynffon, felly mae'r rhanbarth critigol yn cynnwys rhanbarth ar ben y naill gynffon a'r llall.

Mae'r lefel arwyddocâd wedi'i rhannu â dau i roi'r tebygolrwydd yn y naill gynffon a'r llall (h.y. 0.05).

Dosraniad H_0 yw B(10, 0.5)

Rydyn ni'n ystyried y gynffon ar y dde ac yn darganfod y tebygolrwydd y bydd 7 neu ragor o bennau'n digwydd.

$P(X \geq 7) = 1 - P(X < 7)$

$= 1 - P(X \leq 6)$

$= 1 - 0.8281$

$= 0.1719$

Nid yw hyn yn y rhanbarth critigol am nad yw $P(X \geq 7)$ yn llai na 0.05.

Trwy hyn, nid yw'r rhagdybiaeth nwl yn cael ei gwrthod ar lefel arwyddocâd o 10%.

3 Gadewch i'r ystadegyn prawf X = nifer y diwrnodau mae'n gweld un neu ragor o wiwerod coch.

Y rhagdybiaeth nwl yw $H_0 : p = 0.05$

Y rhagdybiaeth arall yw $H_1 : p \neq 0.05$

Dosraniad X yw B(6, 0.05)

Gan mai prawf dwygynffon yw hwn, mae angen i ni haneru'r lefel arwyddocâd, felly $\frac{0.01}{2} = 0.005$.

Y nifer o ddiwrnodau o 6 y byddai disgwyl iddi weld un neu ragor o wiwerod coch = np = 6 × 0.05 = 0.3

Mae 3 diwrnod yn fwy na hyn, felly'r gwerth-p fyddai'r tebygolrwydd y bydd X yn 3 neu fwy o dan y rhagdybiaeth nwl.

$P(X \geq 3) = 1 - P(X \leq 2)$

$= 1 - 0.9978$

$= 0.0022$

Gan fod $0.0022 \leq 0.005$, mae'r canlyniad yn arwyddocaol.

Trwy hyn, mae tystiolaeth ddigonol ar lefel arwyddocâd o 1% i wrthod y rhagdybiaeth nwl o blaid y rhagdybiaeth arall bod y tebygolrwydd o weld gwiwer goch wedi newid a'i fod nawr yn fwy na 0.05.

> Gwnewch yn siŵr eich bod yn nodi ystyr y canlyniad rydych wedi'i gael yn glir.

4 Gadewch i'r ystadegyn prawf X = nifer yr arholiadau mae'n llwyddo ynddyn nhw.

Y rhagdybiaeth nwl yw $H_0 : p = 0.45$

Y rhagdybiaeth arall yw $H_1 : p < 0.45$

Dosraniad X yw B(10, 0.45)

Nawr, gan fod y rhagdybiaeth nwl wedi'i gwrthod, $P(X \leq N) < 0.05$

Caiff y tablau eu defnyddio i ddarganfod y gwerth mwyaf ar gyfer N fel bod y tebygolrwydd < 0.05

Gan ddefnyddio'r tablau, $N \leq 1$ (h.y. gall N fod â gwerth 0 neu 1)

5 (a) (i) Y rhagdybiaeth nwl yw $H_0 : p = 0.3$

(ii) Y rhagdybiaeth arall yw $H_1 : p < 0.3$

(iii) Yr ystadegyn prawf yw X = nifer y cleifion sy'n aros mwy na 30 munud ar ôl amser eu hapwyntiad.

(b) Dosraniad X yw B(30, 0.3)

$P(X \leq 4) = 0.0302$ (h.y. 3.02%)

Y rhanbarth critigol yw $X \leq 4$

(c) Nid yw 6 yn y rhanbarth critigol felly rydyn ni'n methu gwrthod y rhagdybiaeth nwl, felly mae honiad y prif ddeintydd heb ei gyfiawnhau yn ôl y dystiolaeth hon.

> Mae tablau binomaidd yn cael eu defnyddio i ddarganfod gwerth mwyaf x sy'n rhoi tebygolrwydd o lai na 0.05 pan fydd n = 30 a $p = 0.3$.

Uned 2 Mathemateg Gymhwysol A
Adran B: Mecaneg

6 Meintiau ac unedau mewn mecaneg

1 (a) $m\,s^{-2}$

(b) $m\,s^{-1}$

(c) $kg\,m^{-3}$

(ch) N

(d) N

(dd) N m

2 $19.32\,g = \dfrac{19.32}{1000}\,kg = 0.01932\,kg$

$1\,cm^3 = \dfrac{1}{1\,000\,000} = 1 \times 10^{-6}\,m^3$

Dwysedd aur $= \dfrac{\text{màs mewn kg}}{\text{cyfaint mewn } m^3} = \dfrac{0.01932}{1 \times 10^{-6}} = 19\,320\,kg\,m^{-3}$

7 Cinemateg

1 (a)

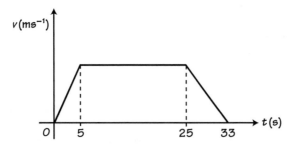

(b) $u = 0\,m\,s^{-1}$, $a = 0.9\,m\,s^{-2}$, $t = 5\,s$, $v = ?$

Mae defnyddio $v = u + at$

yn rhoi $v = 0 + 0.9 \times 5 = 4.5\,m\,s^{-1}$

(c) Cyflymiad = graddiant y graff rhwng $t = 25$ a $t = 33\,s$

$= \dfrac{0 - 4.5}{33 - 25} = -0.56\,m\,s^{-2}$

Trwy hyn, arafiad $= 0.56\,m\,s^{-2}$

(ch) Cyfanswm y pellter a deithiwyd = arwynebedd o dan y graff cyflymder–amser

$= \dfrac{1}{2}(20 + 33) \times 4.5$

$= 119.25\,m$

> Sylwch: os ydych chi'n dweud bod hwn yn arafiad, mae'n rhaid i chi ddileu'r arwydd minws.

> Mae fformiwla arwynebedd trapesiwm,
> $$A = \dfrac{1}{2}(a + b)h$$
> yn cael ei defnyddio yma i gyfrifo'r pellter.

2 (a) Gan gymryd y cyfeiriad tuag i lawr yn bositif,

$u = 0\,m\,s^{-1}$, $a = g = 9.8\,m\,s^{-2}$, $s = 160\,m$, $v = ?$

Mae defnyddio $v^2 = u^2 + 2as$ yn rhoi

$v^2 = 0^2 + 2 \times 9.8 \times 160$

$v = 56\,m\,s^{-1}$

(b) Gan ddefnyddio $v = u + at$

$t = \dfrac{v - u}{a} = \dfrac{56 - 0}{9.8} = \dfrac{40}{7}\,s$

(c) Yr unig rym sy'n gweithredu yw disgyrchiant; felly rydyn ni'n anwybyddu gwrthiant aer. (Gallech hefyd fod wedi ateb bod y gwrthrych wedi'i fodelu fel gronyn.)

3 (a) Gan gymryd tuag i fyny yn gyfeiriad positif, mae gennym

$u = 15 \text{ m s}^{-1}$, $\quad a = g = -9.8 \text{ m s}^{-2}$, $\quad v = 0 \text{ m s}^{-1}$, $\quad t = ?$

Mae defnyddio $\quad v = u + at \quad$ yn rhoi

$$0 = 15 - 9.8t$$

Trwy hyn $\quad\quad t = 1.53 \text{ s}$ (yn gywir i 2 le degol)

(b) Mae defnyddio $\quad v^2 = u^2 + 2as \quad$ yn rhoi

$$0^2 = 15^2 - 2 \times 9.8 \times s$$

$$s = \frac{-225}{-19.6} = 11.48 \text{ m (yn gywir i 2 le degol)}$$

(c) Mae gwrthiant aer wedi'i anwybyddu.

> Dylech chi bob amser sefydlu cyfeiriad positif cyn i chi gychwyn. Cofiwch nad oes gwahaniaeth pa gyfeiriad rydych chi'n ei ddefnyddio. Bydd unrhyw feintiau sydd yn negatif yn y diwedd yn feintiau i'r cyfeiriad dirgroes.

> Ar yr uchder macsimwm, mae'r cyflymder terfynol, v, yn sero.

4 (a) (i) Arafiad cyson

(ii) Cyflymiad cyson

(iii) Arafiad cyson

(b) Dadleoliad yn yr 20 s cyntaf = arwynebedd triongl OAB

$$= \frac{1}{2} \times 20 \times 15 = 150 \text{ m}$$

Gadewch i t = yr amser pan fydd y gronyn yn dychwelyd i'r tarddbwynt unwaith eto.

Amser sy'n cael ei gynrychioli gan BD = $(t - 20)$ s

Dadleoliad o $t = 20$ s i $t = t$ s = arwynebedd triongl BCD

$$= \frac{1}{2} \times (t - 20) \times 10$$

Mae'r ddau arwynebedd yn hafal, felly mae'r dadleoliadau yn hafal o ran maint.

Trwy hyn $\quad\quad 150 = \frac{1}{2} \times (t - 20)10$

$$150 = 5t - 100$$

$$t = 50 \text{ s}$$

> Mae arwynebeddau sydd o dan yr echelin amser yn cynrychioli dadleoliadau negatif sy'n golygu bod y gwrthrych yn symud yn ôl tuag at ei safle cychwynnol.

(c) Cyflymder cyfartalog $= \dfrac{\text{pellter a deithiwyd}}{\text{amser a gymerwyd}} = \dfrac{200}{50} = 4 \text{ m s}^{-1}$

5 Sylwch fod hwn yn gwestiwn heb ei strwythuro gan nad oes arweiniad/camau wedi'u darparu.

Dechreuwch drwy luniadu graff cyflymder–amser. Sylwch fod mwy nag un dull o ateb y cwestiwn weithiau. Os edrychwch chi ar y graff cyflymder–amser yn ofalus, efallai gallwch chi feddwl am ddull arall.

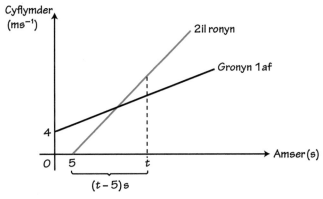

Gadewch i t fod yr amser pan fydd yr ail ronyn yn goddiweddyd y gronyn cyntaf. Ar yr amser hwn, bydd y ddau ronyn wedi teithio'r un pellter o O.

Pellter a deithiwyd gan y gronyn cyntaf $= ut + \frac{1}{2}at^2$

$$= 4t + \frac{1}{2}4t^2$$

$$= 4t + 2t^2 \quad\quad\quad\quad (1)$$

Pellter a deithiwyd gan yr ail ronyn yn amser $(t-5)$ $s = ut + \frac{1}{2}at^2$

$$= 0 + \frac{1}{2} \times 10(t-5)^2$$

$$= 5(t-5)^2 \qquad (2)$$

Mae rhoi'r ddau bellter yn hafal yn rhoi

$$5(t-5)^2 = 4t + 2t^2$$
$$5(t^2 - 10t + 25) = 4t + 2t^2$$
$$5t^2 - 50t + 125 = 4t + 2t^2$$
$$3t^2 - 54t + 125 = 0$$

Mae defnyddio'r fformiwla i ddatrys yr hafaliad cwadratig hwn yn rhoi

$$t = \frac{-b \pm \sqrt{b^2 - 4ac}}{2a}$$

$$= \frac{54 \pm \sqrt{(-54)^2 - 4(3)(125)}}{2(3)}$$

$$= 15.27\,\text{s neu } 2.73\,\text{s}$$

Ni all yr ateb fod yn 2.73 s am fod hyn cyn i'r ail ronyn gychwyn.

Yr amser pan fydd y ddau wedi teithio pellteroedd hafal = 15.27 s

Mae amnewid y gwerth hwn am t i hafaliad (1) yn rhoi

$$s = 4t + 2t^2$$
$$= 4(15.27) + 2(15.27)^2$$
$$= 527.43$$
$$= 527\,\text{m (i'r metr agosaf)}$$

> Os ydych chi'n cael dau werth, dylech chi bob amser ofyn i chi'ch hun a yw'r ddau werth yn dderbyniol yng nghyd-destun y cwestiwn.

6 (a)

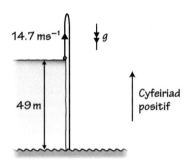

Gan gymryd y cyfeiriad tuag i fyny yn bositif,

$u = 14.7\,\text{m s}^{-1},$ $\quad v = ?,$ $\quad s = -49\,\text{m}$ $\quad a = -9.8\,\text{m s}^{-2},$

$$s = ut + \frac{1}{2}at^2$$

$$-49 = 14.7t + \frac{1}{2} \times (-9.8)t^2$$

$$4.9t^2 - 14.7t - 49 = 0$$

Mae rhannu'r hafaliad hwn â 4.9 yn rhoi

$$t^2 - 3t - 10 = 0$$
$$(t-5)(t+2) = 0$$

Trwy hyn, $t = 5$ s (mae $t = -2$ s yn amser amhosibl, felly rydyn ni'n ei anwybyddu).

(b) Gan gymryd y cyfeiriad tuag i fyny yn bositif,

$$v = u + at$$
$$= 14.7 - 9.8 \times 5$$
$$= -34.3\,\text{m s}^{-1}$$

(Sylwch fod yr arwydd negatif yn dangos bod y cyflymder hwn yn y cyfeiriad dirgroes i'r cyfeiriad a gymerwyd yn bositif, felly mae'r cyflymder hwn tuag i lawr.)

Trwy hyn, buanedd y garreg cyn iddi daro'r môr = 34.3 m s⁻¹

> Dylech chi bob amser fwrw golwg yn ôl i weld a yw'n nodi unrhyw gywirdeb penodol ar gyfer yr ateb.

> Dylech chi bob amser weld a all yr hafaliad gael ei symleiddio drwy rannu drwyddo â rhif. Bydd hyn yn gwneud y ffactorio'n haws. Os na allwch chi ei ffactorio, defnyddiwch y fformiwla yn lle hynny.

> Gan fod buanedd yn sgalar, maint yn unig sydd ganddo, felly peidiwch ag ychwanegu'r arwydd minws.

7 (a) $v = 4 + 3t - t^2$

Pan fydd $v = 0$, $4 + 3t - t^2 = 0$

Mae ffactorio yn rhoi $(4 - t)(1 + t) = 0$

Y datrysiad positif yw $t = 4$ s

$$a = \frac{dv}{dt} = 3 - 2t$$

Pan fydd $t = 4$ s, $a = \frac{dv}{dt} = 3 - 2(4) = -5 \text{ m s}^{-2}$

(b) $r = \int v\,dt = \int(4 + 3t - t^2)dt = 4t + \frac{3t^2}{2} - \frac{t^3}{3} + c$

Pan fydd $t = 0$ s, $r = 0$ mae rhoi'r rhain i mewn i'r hafaliad uchod yn rhoi $c = 0$.

Pan fydd $t = 4$ s, $r = 4(4) + \frac{3(4)^2}{2} - \frac{(4)^3}{3} = 16 + 24 - \frac{64}{3} = 18\frac{2}{3}$

Cyflymder cyfartalog $= \frac{\text{cyfanswm y pellter a deithiwyd}}{\text{amser a gymerwyd}} = \frac{18\frac{2}{3}}{4} = 4.7 \text{ m s}^{-1}$

> I ddifferu, rydych chi'n lluosi â'r indecs ac yna'n lleihau'r indecs gan 1.

> I integru, rydych chi'n cynyddu'r indecs gan 1 ac yna'n rhannu â'r indecs newydd. Cofiwch gynnwys cysonyn.

8 (a) $v = 8 + 7t - t^2$

$t^2 - 7t - 8 = 0$

$(t + 1)(t - 8) = 0$

$t = -1$ s (sy'n amhosibl) neu $t = 8$ s

Trwy hyn, yr amser $= 8$ s

(b) $v = 8 + 7(0) - (0) = 8 \text{ m s}^{-1}$

(c) $t = 0$ hyd $t = 1$ yw'r eiliad gyntaf.

$t = 1$ hyd $t = 2$ yw'r ail eiliad.

$r = \int_1^2 v\,dt = \int_1^2 (8 + 7t - t^2)dt$

$= \left[8t + \frac{7t^2}{2} - \frac{t^3}{3}\right]_1^2$

$= \left[8(2) + \frac{7(2)^2}{2} - \frac{(2)^3}{3} - \left(8 + \frac{7}{2} - \frac{1}{3}\right)\right]$

$= 16\frac{1}{6}$ m

> Gallech chi ddefnyddio'r dull arall lle rydych chi'n darganfod yr integryn amhendant a'r cysonyn integru. Yna, gallech chi ddefnyddio hyn i ddarganfod y pellteroedd ar gyfer $t = 1$ s a $t = 2$ s. Yna gallwch dynnu'r pellteroedd i ddarganfod y pellter a deithiwyd yn yr ail eiliad.

> Mae rhif cymysg yn golygu cyfanrif a ffracsiwn.

9 (a) $s = \int v\,dt$

$= \int(12t - 3t^2)\,dt$

$= \frac{12t^2}{2} - \frac{3t^3}{3} + c$

$= 6t^2 - t^3 + c$

$s = 0$ pan fydd $t = 1$, a thrwy hyn $0 = 6(1)^2 - (1)^3 + c$, sy'n rhoi $c = -5$

Trwy hyn $s = 6t^2 - t^3 - 5$

(b) $a = \frac{dv}{dt}$

$= 12 - 6t$

10 Gan gymryd y cyfeiriad tuag i fyny yn bositif,

$u = 7 \text{ m s}^{-1}$, $g = -9.8 \text{ m s}^{-1}$, $t = 4$ s, $s = ?$

$s = ut + \frac{1}{2}at^2$

$= 7 \times 4 + \frac{1}{2}(-9.8)4^2$

$= -50.4$ m (gan fod hwn yn ddadleoliad negatif, mae islaw'r pwynt taflu)

Uchder y clogwyn $= 50.4$ m

8 Deinameg gronyn

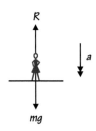

Mae cymhwyso ail ddeddf Newton yn rhoi

$$ma = mg - R$$
$$58 \times 2.5 = 58 \times 9.8 - R$$
$$145 = 568.4 - R$$
$$R = 423.4 \, \text{N}$$

Mae grym cydeffaith *ma* yn gweithredu yng nghyfeiriad y cyflymiad. Mae'r grym cydeffaith hwn yn golygu bod y pwysau sy'n gweithredu tuag i lawr yn fwy na'r tensiwn sy'n gweithredu tuag i fyny.

Mae'r grym cydeffaith (h.y. y grym cyflymu) yn cael ei ddarparu gan y pwysau, tynnu'r adwaith.

2 (a) Ar gyfer rhan gyntaf y daith, os y cyflymiad yw $4 \, \text{m s}^{-2}$, yna mae'r cyflymder yn cynyddu $4 \, \text{m s}^{-1}$ bob eiliad, felly os y buanedd terfynol yw $12 \, \text{m s}^{-1}$, bydd hyn wedi cymryd 3 s. Mae angen hyn arnon ni er mwyn gallu ychwanegu'r gwerthoedd at yr echelin amser.

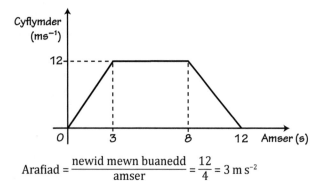

$$\text{Arafiad} = \frac{\text{newid mewn buanedd}}{\text{amser}} = \frac{12}{4} = 3 \, \text{m s}^{-2}$$

Graddiant y graff rhwng $t = 8$ s a $t = 12$ s yw'r arafiad.

(b) Lifft yn cyflymu

Mae cymhwyso ail ddeddf mudiant Newton yn rhoi

$$ma = R - mg$$
$$50 \times 4 = R - 50 \times 9.8$$
$$R = 690 \, \text{N}$$

Lifft yn teithio ar fuanedd cyson.

Ar fuanedd cyson, nid oes cyflymiad cydeffaith, felly mae'r adwaith normal yn hafal i bwysau'r dyn.

$$R = mg = 50 \times 9.8 = 490 \, \text{N}$$

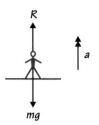

Lifft yn arafu

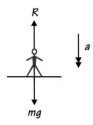

Mae cymhwyso ail ddeddf mudiant Newton yn rhoi

$$ma = mg - R$$
$$50 \times 3 = 50 \times 9.8 - R$$
$$R = 340 \, \text{N}$$

3

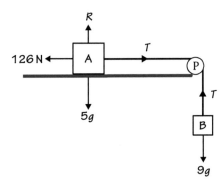

Rydyn ni'n cymryd y cyfeiriad i'r chwith yn bositif.

Gan gymhwyso ail ddeddf mudiant Newton i A

$$5a = 126 - T \qquad (1)$$

Gan gymhwyso ail ddeddf mudiant Newton i B

$$9a = T - 9g \qquad (2)$$

Mae adio (1) a (2) yn rhoi

$$14a = 126 - 9g$$
$$a = 2.7 \text{ m s}^{-2}$$

Mae amnewid $a = 2.7$ i hafaliad (1) yn rhoi

$$5 \times 2.7 = 126 - T$$
$$T = 112.5 \text{ N}$$

4   (a)

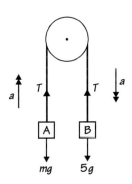

Mae cymhwyso ail ddeddf Newton i'r màs 5 kg yn rhoi

$$5a = 5g - T$$

Gan fod $a = 0.2g$, $g = 5g - T$

$$T = 4g$$

(b)   Mae cymhwyso ail ddeddf Newton i'r màs m kg yn rhoi

$$ma = T - mg$$

Gan fod $a = 0.2g$ a $T = 4g$, $0.2mg = 4g - mg$

$$1.2mg = 4g$$
$$m = \frac{4}{1.2} = 3.3 \text{ kg}$$

(c)   Mae'r ffaith bod y pwli yn llyfn yn golygu nad oes grymoedd ffrithiannol i'w hystyried.

Mae'r ffaith bod y llinyn yn anestynadwy ac yn ysgafn yn golygu y gall y tyniant a'r cyflymiad aros yn gyson drwy gydol mudiant y masau.

9 Fectorau

1

Mesur	Sgalar	Fector
Cyflymder		✓
Buanedd	✓	
Grym		✓
Pellter	✓	
Cyflymiad		✓
Dadleoliad		✓

2 (a) $\mathbf{R} = \mathbf{P} + \mathbf{S}$
$= (3\mathbf{i} - 20\mathbf{j}) + (-8\mathbf{i} + 8\mathbf{j})$
$= -5\mathbf{i} - 12\mathbf{j}$

(b) $|\mathbf{r}| = \sqrt{(-5)^2 + (-12)^2}$
$= 13\ \text{N}$

(c)
$$\tan\theta = \frac{12}{5}$$
$$\theta = \tan^{-1}\left(\frac{12}{5}\right)$$
$$= 67.4° \text{ (i 1 lle degol)}$$

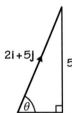

(ch) $\mathbf{a} = \dfrac{\mathbf{R}}{m}$

$= \dfrac{-5\mathbf{i} - 12\mathbf{j}}{5}$

$\mathbf{a} = -\mathbf{i} - 2.4\mathbf{j}$

> Lluniadwch ddiagram i ddangos cydrannau'r fector i'r cyfeiriad llorweddol a'r cyfeiriad fertigol.

> Sylwch fod y cwestiwn yn gofyn am fector y cyflymiad ac nid ei faint. Yma, rydyn ni'n defnyddio'r hafaliad, ond y grym yn yr achos hwn yw'r fector **R** a'r cyflymiad yw'r fector **a**.

3 (a) Pellter a deithiwyd o P i Q = $\sqrt{5^2 + 2^2} = \sqrt{29}$

Pellter a deithiwyd o Q i R = $\sqrt{(-3)^2 + 3^2} = \sqrt{18}$

Cyfanswm y pellter a deithiwyd o P i R = $\sqrt{29} + \sqrt{18}$ = 9.63 km (i 2 le degol)

(b) $\overrightarrow{PR} = \overrightarrow{PQ} + \overrightarrow{QR}$
$= 5\mathbf{i} + 2\mathbf{j} + -3\mathbf{i} + 3\mathbf{j}$
$= 2\mathbf{i} + 5\mathbf{j}$
$\theta = \tan^{-1}\left(\dfrac{5}{2}\right)$
$\theta = 68.2°$ (i 1 lle degol)

Papur Enghreifftiol Uned 1
Mathemateg Bur A

1 (a) $(a + b)^n = a^n + \binom{n}{1}a^{n-1}b + \binom{n}{2}a^{n-2}b^2 + \binom{n}{3}a^{n-3}b^3 + \ldots$

$(a + b)^4 = a^4 + \binom{4}{1}a^3b + \binom{4}{2}a^2b^2 + \binom{4}{3}ab^3 + \binom{4}{4}b^4$

Mae darganfod $\binom{4}{1}, \binom{4}{2}, \binom{4}{3}, \binom{4}{4}$ drwy ddefnyddio'r fformiwla neu drwy ddefnyddio triongl Pascal a'u hamnewid i'r fformiwla uchod yn rhoi:

$(a + b)^4 = a^4 + 4a^3b + 6a^2b^2 + 4ab^3 + b^4$

$\left(x - \dfrac{1}{x}\right)^4 = (x)^4 + 4(x)^3\left(-\dfrac{1}{x}\right) + 6(x)^2\left(-\dfrac{1}{x}\right)^2 + 4(x)\left(-\dfrac{1}{x}\right)^3 + \left(-\dfrac{1}{x}\right)^4$

$= x^4 - 4x^2 + 6 - \dfrac{4}{x^2} + \dfrac{1}{x^4}$

(b) Os yw $x = 1$ yn cael ei amnewid i $\left(x - \dfrac{1}{x}\right)^4$, cawn $\left(1 - \dfrac{1}{1}\right)^4 = 0$.

Os yw $x = 1$ yn cael ei amnewid i ehangiad $x^4 - 4x^2 + 6 - \dfrac{4}{x^2} + \dfrac{1}{x^4}$, dylen ni gael 0.

Trwy hyn $x^4 - 4x^2 + 6 - \dfrac{4}{x^2} + \dfrac{1}{x^4} = 1 - 4 + 6 - 4 + 1 = 0$

Mae'r ddau ateb yr un peth, felly mae'r ehangiad yn debygol o fod yn gywir.

2

$$\dfrac{7}{2\sqrt{14}} + \left(\dfrac{\sqrt{14}}{2}\right)^3 = \dfrac{7\sqrt{14}}{2\sqrt{14}\sqrt{14}} + \dfrac{14\sqrt{14}}{8}$$

$$= \dfrac{7\sqrt{14}}{28} + \dfrac{7\sqrt{14}}{4}$$

$$= \dfrac{\sqrt{14}}{4} + \dfrac{7\sqrt{14}}{4}$$

$$= 2\sqrt{14}$$

> Mae angen dileu unrhyw syrdiau yn enwadur y termau yn y mynegiad.

3 Cymerwch fod $f(x) = x^2 + 1$ a $g(x) = x^2 - 2$, yna eu deilliadau yw

$f'(x) = 2x$ a $g'(x) = 2x$

Mae'r ddau ddeilliad hyn yn hafal ond nid yw'r ffwythiannau gwreiddiol yn hafal. Trwy hyn, mae'r gosodiad sydd wedi'i roi yn anghywir.

> I ddifferu ffwythiant, cofiwch eich bod yn lluosi â'r indecs ac yna'n lleihau'r indecs ag un.

4 (a) (i) $y = a^x$

(ii) $a = y^{\frac{1}{x}}$

(iii) $\log_a y^3 = 3\log_a y$

Nawr $x = \log_a y = 2$

Trwy hyn $\log_a y^3 = 3 \times 2 = 6$

(iv) $\log_a (ay)^3 = 3\log_a ay = 3\log_a a + 3\log_a y$

Nawr $\log_a a = 1$ a $\log_a y = 2$

Trwy hyn, $\log_a (ay)^3 = 3 + 3 \times 2 = 9$

(v) $\log_a\left(\dfrac{y^5}{a^4}\right) = \log_a y^5 - \log_a a^4 = 5\log_a y - 4\log_a a = 10 - 4 = 6$

(b) $2^{x-1} = 3^{(x+3)}$

Gan gymryd log (bôn 10 yn yr achos hwn, ond gallech chi ddefnyddio unrhyw fôn arall)

$(x - 1)\log_{10} 2 = (x + 3)\log_{10} 3$

$x\log_{10} 2 - \log_{10} 2 = x\log_{10} 3 + 3\log_{10} 3$

$x\log_{10} 2 - x\log_{10} 3 = 3\log_{10} 3 + \log_{10} 2$

$x(\log_{10} 2 - \log_{10} 3) = 3\log_{10} 3 + \log_{10} 2$

$x = \dfrac{3\log_{10} 3 + \log_{10} 2}{\log_{10} 2 - \log_{10} 3}$

5 (a)
$$x^2 + y^2 - 18x - 22y + 177 = 0$$
$$(x - 9)^2 + (y - 11)^2 - 81 - 121 + 177 = 0$$
$$(x - 9)^2 + (y - 11)^2 = 25$$

Cyfesurynnau P yw (9, 11)

Radiws = $\sqrt{25}$ = 5

> Dechreuwch drwy gwblhau'r sgwâr ar gyfer *x* ac *y*.

(b) (i) Os yw pwynt T yn gorwedd ar y cylch, bydd ei gyfesurynnau'n bodloni hafaliad y cylch.

Mae amnewid $x = 5, y = 8$ i hafaliad C yn rhoi
$$(x - 9)^2 + (y - 11)^2 = (5 - 9)^2 + (8 - 11)^2$$
$$= (-4)^2 + (-3)^2$$
$$= 25$$

Mae hyn yr un peth ag ochr dde yr hafaliad ar gyfer C, gan brofi bod T yn gorwedd ar y cylch.

(ii) Darganfod graddiant y radiws sy'n mynd drwy T (h.y. PT).

Graddiant y llinell sy'n uno P(9, 11) a T(5, 8) = $\dfrac{8 - 11}{5 - 9} = \dfrac{-3}{-4} = \dfrac{3}{4}$

Bydd llinell PT yn normal i dangiad y cylch yn T. Trwy hyn, lluoswm y graddiannau fydd −1.

Graddiant y tangiad yn T = $-\dfrac{4}{3}$

Hafaliad y tangiad yn T sydd â'r graddiant $-\dfrac{4}{3}$ ac sy'n pasio drwy'r pwynt T(5, 8) yw

$$y - 8 = -\frac{4}{3}(x - 5)$$
$$3y - 24 = -4x + 20$$
$$3y + 4x - 44 = 0$$

6 Yn gyntaf, darganfyddwch y graddiant
$$f'(x) = \frac{3x^2}{3} + \frac{2x}{2} - 12$$
$$= x^2 + x - 12$$

Nawr, mae angen i ni ddarganfod gwerthoedd *x* a fydd yn gwneud y mynegiad hwn yn fwy na sero. Yn gyntaf, darganfyddwch wreiddiau'r hafaliad.
$$x^2 + x - 12 = 0$$
$$(x + 4)(x - 3) = 0$$

O'r graff, rydyn ni eisiau'r darnau hynny o'r gromlin sydd uwchben yr echelin-*x* (ond nid arni). Trwy hyn, yr amrediad o werthoedd *x* lle mae'r ffwythiant yn ffwythiant cynyddol yw

$$x < -4 \quad \text{neu} \quad x > 3$$

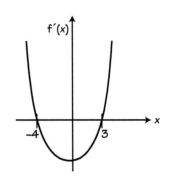

7 (a) $\overrightarrow{AC} = \overrightarrow{AB} + \overrightarrow{BC}$
$$= (240\mathbf{i} - 60\mathbf{j}) + (-180\mathbf{i} + 200\mathbf{j})$$
$$= 60\mathbf{i} + 140\mathbf{j}$$

(b) $|\overrightarrow{AB}| = \sqrt{240^2 + 60^2} = \sqrt{61\,200}$

$|\overrightarrow{BC}| = \sqrt{180^2 + 200^2} = \sqrt{72\,400}$

$|\overrightarrow{AC}| = \sqrt{60^2 + 140^2} = \sqrt{23\,200}$

Gan ddefnyddio'r rheol cosin: $a^2 = b^2 + c^2 - 2bc \cos \text{BAC}$

$$72\,400 = 23\,200 + 61\,200 - 2 \times \sqrt{23\,200} \times \sqrt{61\,200} \times \cos \text{BAC}$$

$\cos \text{BAC} = 0.1592$

Ongl BAC = 80.8° (i'r 0.1° agosaf)

> Peidiwch â thrafferthu cyfrifo ail isradd y rhain gan y bydd angen eu sgwario'n nes ymlaen wrth ddefnyddio'r rheol cosin.

(c) Arwynebedd triongl = $\dfrac{1}{2} bc \sin A$
$$= \frac{1}{2} \times \sqrt{23\,200} \times \sqrt{61\,200} \times \sin 80.8$$
$$= 18\,598 \text{ m}^2$$

8 Ar gyfer dim gwerthoedd real, $b^2 - 4ac < 0$

> Rhestrwch werthoedd a, b ac c cyn i chi ddechrau.

$a = m - 1$
$b = 2m$
$c = 7m - 4$
$b^2 - 4ac < 0$

$$(2m)^2 - 4(m - 1)(7m - 4) < 0$$
$$4m^2 - 4(7m^2 - 11m + 4) < 0$$
$$4m^2 - 28m^2 + 44m - 16 < 0$$
$$-24m^2 + 44m - 16 < 0$$

Gan luosi drwyddo â -1, a gan gofio cildroi'r arwydd anhafaledd,

$$24m^2 - 44m + 16 > 0$$

Mae rhannu'r ddwy ochr â 4 yn rhoi

$$6m^2 - 11m + 4 > 0$$

Gan roi $6m^2 - 11m + 4 = 0$

$$(3m - 4)(2m - 1) = 0$$
$$x = \frac{4}{3} \quad \text{neu} \quad \frac{1}{2}$$

Os yw graff $(3m - 4)(2m - 1)$ yn cael ei blotio yn erbyn m ar yr echelin-x, bydd y gromlin ar ffurf $\cup$, gan groestorri'r echelin-x yn $m = \frac{4}{3}$ ac $m = \frac{1}{2}$.

Mae'r rhanbarth sydd ei angen uwchben yr echelin-x.

Trwy hyn, yr amrediad m sydd ei angen yw $m < \frac{1}{2}$ neu $m > \frac{4}{3}$.

9 (a) (i) Sylwch fod y gromlin wreiddiol wedi'i thrawsffurfio gan $\begin{pmatrix} -2 \\ 0 \end{pmatrix}$

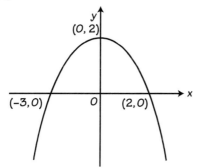

(ii) Mae'r gromlin wedi'i hadlewyrchu yn yr echelin-x a'i hymestyn gan ffactor graddfa 2 yn baralel i'r echelin-y.

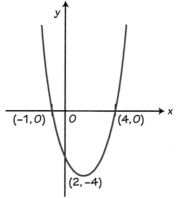

(b) Mae graff $f(x) = -2f(x) + 4$ yn drawsffurfiad o'r graff $f(x) = -2f(x)$ gan $\begin{pmatrix} 0 \\ 4 \end{pmatrix}$ a bydd hyn yn trawsffurfio'r pwynt $(2, -4)$ i $(2, 0)$.

Trwy hyn, bydd gan y ddau ffwythiant wreiddyn $x = 2$.

10 (a) Gadewch i ongl ACB = θ

Gan ddefnyddio'r rheol sin,

$$\frac{16}{\sin\theta} = \frac{8}{\sin 20°}$$

$$\sin\theta = \frac{16\sin 20°}{8}$$

$$\sin\theta = 0.6840$$

$\theta = 43.16°$ neu $(180 - 43.16)° = 136.84°$

$\theta = 43.2°$ neu $136.8°$

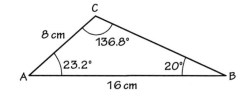

Cofiwch roi eich atebion i'r 0.1° agosaf.

(b) Ongl BAC $= \big(180 - (43.2 + 20)\big) = 116.8°$ neu $\big(180 - (136.8 + 20)\big) = 23.2°$.

Nawr, mae angen i ni ddarganfod yr ochr gyferbyn â'r ongl yn y ddwy sefyllfa hon. Gallai'r rheol cosin gael ei defnyddio yma, ond mae'n haws defnyddio'r rheol sin.

Ar gyfer ongl BAC = 23.2°, mae defnyddio'r rheol sin yn rhoi

$$\frac{BC}{\sin 23.2°} = \frac{8}{\sin 20°}$$

$$BC = \frac{8\sin 23.2°}{\sin 20°}$$

$$BC = 9.2145$$

$$= 9.21 \text{ cm (i 3 ff.y.)}$$

Ar gyfer ongl BAC = 116.8°, mae defnyddio'r rheol sin yn rhoi $\dfrac{BC}{\sin 116.8°} = \dfrac{8}{\sin 20°}$

$$BC = \frac{8\sin 116.8°}{\sin 20°}$$

$$BC = 20.8780$$

$$= 20.9 \text{ cm (i 3 ff.y.)}$$

11 (a) Pan fydd $t = 0$, $e^{-kt} = e^0 = 1$, felly $N = A$ sy'n golygu mai A yw nifer y niwclei ymbelydrol sy'n bresennol i ddechrau.

(b) Mae amnewid y parau o rifau i'r hafaliad yn rhoi

$$1000 = Ae^{-4k}$$

$$300 = Ae^{-8k}$$

Mae rhannu'r ddau hafaliad hyn i waredu A yn rhoi

$$\frac{300}{1000} = \frac{e^{-8k}}{e^{-4k}}$$

$$0.3 = e^{-8k + 4k}$$

$$0.3 = e^{-4k}$$

Mae cymryd ln y ddwy ochr yn rhoi

$$\ln 0.3 = -4k$$

$$k = 0.301 \text{ (i 3 lle degol)}$$

(c) Mae amnewid k i $1000 = Ae^{-4k}$ i ddarganfod gwerth A yn rhoi:

$$1000 = Ae^{-4 \times 0.301}$$

Sy'n rhoi $\qquad A = 3333$

Nawr $\qquad N = 3333e^{-0.301t}$

Pan fydd $t = 10$, $\quad N = 3333e^{-0.301 \times 10}$

Sy'n rhoi $\qquad N = 164$

(ch) $200 = 3333e^{-0.301t}$

$$\frac{200}{3333} = e^{-0.301t}$$

$$0.060006 = e^{-0.301t}$$

Gan gymryd ln y ddwy ochr:

$$\ln 0.060006 = -0.301t$$

$$t = 9 \text{ s (i'r eiliad agosaf)}$$

12 Mae rhoi $x + \delta x$ ac $y + \delta y$ i mewn i'r hafaliad yn rhoi:

$y + \delta y = 20(x + \delta x)^2 + 9(x + \delta x) - 20$

$y + \delta y = 20(x^2 + 2x\delta x + (\delta x)^2) + 9x + 9\delta x - 20$

$y + \delta y = 20x^2 + 40x\delta x + 20(\delta x)^2 + 9x + 9\delta x - 20$

Ond $\quad y = 20x^2 + 9x - 20$

Mae tynnu'r hafaliadau hyn yn rhoi

$\delta y = 40x\delta x + 20(\delta x)^2 + 9\delta x$

$\dfrac{\delta y}{\delta x} = 40x + 20\delta x + 9$

Rhannu'r ddwy ochr â δx a gadael i $\delta x \rightarrow 0$

$\dfrac{dy}{dx} = \underset{\delta x \to 0}{\text{terfan}} \dfrac{\delta y}{\delta x} = 40x + 9$

$\dfrac{dy}{dx} = 40x + 9$

13 (a) $y = x^2 - 4x - 5$

$0 = (x - 5)(x + 1)$

$x = 5$ neu -1

Trwy hyn, A yw $(-1, 0)$ a B yw $(5, 0)$

(b) $y = x^2 - 4x - 5$

$\dfrac{dy}{dx} = 2x - 4$

> Mae angen darganfod y graddiant yn y pwynt D $(4, -5)$.

Pan fydd $x = 4$, $\dfrac{dy}{dx} = 2(4) - 4 = 4$

Hafaliad y tangiad yn D sydd â graddiant 4 ac sy'n mynd drwy'r pwynt D $(4, -5)$ yw

$$y + 5 = 4(x - 4)$$

$$y = 4x - 21$$

(c) Darganfod cyfesurynnau C lle mae'r tangiad yn croestorri'r echelin-x.

$$0 = 4x - 21$$

$$x = \frac{21}{4} = 5\frac{1}{4}$$

Trwy hyn, C yw $\left(5\frac{1}{4}, 0\right)$

Rydyn ni nawr yn darganfod arwynebedd y rhanbarth sydd wedi'i ffinio â'r gromlin a'r llinell $x = 4$ a phwynt B$(5, 0)$.

Arwynebedd rhwng y gromlin â'r echelin-$x = \displaystyle\int_4^5 y\,dx = \int_4^5 (x^2 - 4x - 5)dx = \left[\dfrac{x^3}{3} - 2x^2 - 5x\right]_4^5$

$$= \left[\left(\frac{125}{3} - 50 - 25\right) - \left(\frac{64}{3} - 32 - 20\right)\right] = -\frac{8}{3}$$

Mae'r canlyniad yn negatif am fod yr arwynebedd o dan yr echelin-x,

felly'r arwynebedd $= \dfrac{8}{3}$.

Gadewch i E fod y pwynt $(4, 0)$, yn union uwchben D ar yr echelin-x.

Hyd CE $= 5\frac{1}{4} - 4 = 1\frac{1}{4}$

Arwynebedd triongl CDE $= \frac{1}{2} \times 1\frac{1}{4} \times 5 = 3\frac{1}{8}$

Arwynebedd wedi'i dywyllu $= 3\frac{1}{8} - \frac{8}{3} = \frac{11}{24}$

14 Yn gyntaf, mae angen i ni ddarganfod canol y cylch a'i radiws.

$$x^2 + y^2 - 8x + 10y + 28 = 0$$
$$(x - 4)^2 + (y + 5)^2 - 16 - 25 + 28 = 0$$
$$(x - 4)^2 + (y + 5)^2 = 13$$

Trwy hyn, canol y cylch yw $(4, -5)$ a'r radiws yw $\sqrt{13}$

Drwy aildrefnu'r hafaliad i ddarfanfod graddiant y llinell, cawn

$y = -\frac{2}{3}x + 2$ felly graddiant y llinell hon yw $-\frac{2}{3}$.

Graddiant y radiws a fyddai ar ongl sgwâr i'r llinell $= \frac{3}{2}$

Hafaliad y radiws sydd â graddiant $\frac{3}{2}$ ac sy'n mynd drwy'r canol $(4, -5)$ yw

$$y - y_1 = m(x - x_1)$$
$$y + 5 = \frac{3}{2}(x - 4)$$
$$2y + 10 = 3x - 12$$
$$2y = 3x - 22$$

Mae datrys yr hafaliad hwn yn gydamserol â hafaliad y llinell yn rhoi cyfesurynnau'r pwynt croestoriad yn $(6, -2)$.

Os yw'r pwynt croestoriad hwn yn gorwedd ar gylchyn y cylch, yna mae'n rhaid bod y llinell yn dangiad. Gallwn ni ddarganfod y pellter o'r canol $(4, -5)$ i'r pwynt croestoriad $(6, -2)$ a phrofi ei fod yn hafal i'r radiws.

Mae defnyddio'r fformiwla ar gyfer y pellter rhwng dau bwynt yn rhoi:

$$d = \sqrt{(x_2 - x_1)^2 + (y_2 - y_1)^2}$$
$$= \sqrt{(6 - 4)^2 + (-2 + 5)^2}$$
$$= \sqrt{13}, \text{ sydd yr un peth â radiws y cylch.}$$

Trwy hyn, mae'r llinell yn dangiad i'r cylch.

15 (a) Arwynebedd y gwydr $= 2x^2 + 6xh$

$$2x^2 + 6xh = 60\,000$$
$$x^2 + 3xh = 30\,000$$
$$3xh = 30\,000 - x^2$$
$$h = \frac{30\,000 - x^2}{3x}$$

(b) Cyfaint, $V = 2x^2h$

$$V = 2x^2\frac{30\,000 - x^2}{3x}$$
$$= \frac{60\,000x^2 - 2x^4}{3x}$$
$$= 20\,000x - \frac{2}{3}x^3$$

(c) $\frac{dV}{dx} = 20000 - 2x^2$

$$\frac{dV}{dx} = 0$$
$$20000 - 2x^2 = 0$$
$$x^2 = 10000$$
$$x = \sqrt{10000}$$
$$= 100 \text{ cm}$$
$$\frac{d^2V}{dx^2} = -4x$$

Gan na all x fod yn negatif nac yn sero, mae $-4x$ bob amser yn negatif.

Trwy hyn, mae'r gwerth x hwn yn rhoi gwerth macsimwm ar gyfer V.

Ffordd arall o gwblhau'r cwestiwn hwn yw datrys hafaliad y llinell a hafaliad y cylch yn gydamserol. Os un gwreiddyn real sydd gan yr hafaliad sy'n ganlyniad hynny, yna mae'n rhaid bod y llinell yn dangiad i'r cylch.

Papur Enghreifftiol Uned 2
Mathemateg Gymhwysol A

Adran A – Ystadegaeth

1 (a) (i) Dull samplu sy'n defnyddio'r ffordd fwyaf cyfleus o gasglu'r sampl.

(ii) Cymedr $= \dfrac{0 + 2 + 1 + 4 + 2 + 1 + 5 + 6 + 3 + 5}{10} = 2.9$

(b) (i) Cyfwng samplu $= \dfrac{\text{poblogaeth}}{\text{maint y sampl}} = \dfrac{25}{5} = 5$

(ii) 4, 3, 5, 6, 5

(iii) Cymedr $= \dfrac{4 + 3 + 5 + 6 + 5}{5} = 4.6$

(c) Y sampl systematig gan ei fod yn hapsampl ac yn defnyddio rhifau ar draws y dosraniad yn hytrach na'r 10 gwerth cyntaf a allai fod yn annodweddiadol o weddill y dosraniad.

2 (a) $P(A \cup B) = P(A) + P(B) - P(A \cap B)$ a $P(A \cap B) = P(A) \times P(B)$

Felly $\qquad\qquad 0.4 = 0.2 + P(B) - 0.2 \times P(B)$

$\qquad\qquad\qquad 0.2 = 0.8 \times P(B)$

$\qquad\qquad\qquad P(B) = 0.25$

(b) $P(A \cap B) = P(A) \times P(B)$

$\qquad\qquad = 0.2 \times 0.25 = 0.05$

> Unwaith mae P(A ∩ B) wedi'i ddarganfod, gall y diagram Venn gael ei luniadu.

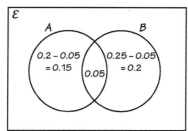

$$\begin{array}{l}\text{Y tebygolrwydd y bydd un} \\ \text{digwyddiad yn union yn digwydd}\end{array} = \begin{array}{l}\text{y tebygolrwydd y bydd } A \text{ yn unig yn digwydd} \\ + \text{ y tebygolrwydd y bydd } B \text{ yn unig yn digwydd}\end{array}$$

$$= 0.15 + 0.2$$
$$= 0.35$$

3 (a) (i) Gwerth anghynrychioliadol yw allanolyn. Nid yw'n cael ei ddefnyddio i lunio'r diagram blwch a blewyn, ond mae'n cael ei ddangos fel pwynt ar wahân.

(ii) Gan fod yr allanolyn lawer yn uwch na'r holl werthoedd eraill, bydd y cymedr yn mynd i lawr ar ôl i'r allanolyn gael ei ddileu.

(iii) Mesur o amrywiad canolog yw gwyriad safonol. Bydd dileu'r allanolyn yn lleihau'r amrywiad a fydd yn lleihau'r gwyriad safonol.

(b) (i) Coleg A: Amrediad = 38   IQR = 10.5

Coleg B: Amrediad = 35   IQR = 10

(ii) Ar gyfartaledd, roedd myfyrwyr coleg A yn dalach, fel mae'r cymedr a'r canolrif uwch yn ei ddangos. Roedd llai o amrywioldeb yn nhaldra myfyrwyr B, fel mae'r amrediad, yr IQR a'r gwyriad safonol is yn ei ddangos.

Roedd gan fyfyrwyr coleg A a choleg B ddosraniad sy'n fras-gymesur i'w taldra, felly does braidd dim sgiw.

> Sylwch: os yw'r cymedr a'r canolrif tua'r un peth, nid oes sgiw ac mae'r dosraniad yn gymesur. Os yw'r cymedr yn fwy na'r canolrif, mae ganddo sgiw bositif, ac os yw'n llai, mae ganddo sgiw negatif.

4 (a) Nid yw nifer y profion yn hysbys, felly ni all binomial gael ei ddefnyddio.

Gall y cymedr gael ei ddarganfod, felly mae Poisson yn briodol.

(b) (i) Cymedr = 0.5 × 30 = 15

$$P(X = x) = e^{-\lambda}\frac{\lambda^x}{x!}$$

$$P(X = 18) = e^{-15}\frac{(15)^{18}}{18!}$$

$$= 0.0706$$

(ii) $P(X > 20) = 1 - P(X \le 20)$

$$= 1 - 0.9170$$

$$= 0.083$$

> Byddwch yn ofalus yma. Nid yw'r tebygolrwydd o fwy nag 20 yn cynnwys 20 ei hun.

5 (a) $\mathbf{H_0}: p = 0.3$

$\mathbf{H_1}: p > 0.3$

(b) Gan fod $\mathbf{H}_1: p > 0.3$, rydyn ni'n defnyddio cynffon uchaf y dosraniad tebygolrwydd.

Gan dybio bod y rhagdybiaeth nwl yn gywir, rydyn ni'n defnyddio B(40, 0.3) i ddarganfod gwerthoedd X sydd â thebygolrwydd sydd fymryn dros 0.95.

O'r tabl, $P(X \le 17) = 0.9680$. Mae'r gwerth critigol un yn fwy na'r gwerth hwn, felly'r gwerth critigol yw 18.

Trwy hyn, y rhanbarth critigol yw $X \ge 18$

(c) $P(X \le 17) = 0.9680$

$P(X \ge 18) = 1 - 0.9680$

$$= 0.032$$

Trwy hyn, lefel arwyddocâd gwirioneddol y prawf = 3.2%

6 (a) (i) Cydberthyniad positif.

(ii) Mae marc Saesneg uwch yn awgrymu marc Mathemateg uwch.

(b) (i) Mae pob marc Saesneg ychwanegol yn cyfateb i gynnydd yn y marc Mathemateg o 0.9 marc ar gyfartaledd.

(ii) Byddai. Mae'r cydberthyniad positif yn edrych yn weddol agos, ond nid yw mor agos ar gyfer marciau is. Byddai'n llai cywir ar gyfer marciau Saesneg o lai nag 20% am nad oes gwerthoedd yn y rhan honno o'r graff, felly byddai angen defnyddio allosodiad.

(iii) Anachosol. Ni allwch ddweud bod bod yn dda yn Saesneg yn achosi bod yn dda mewn Mathemateg, nac i'r gwrthwyneb. Mae'n fwy na thebyg bod y ddau yn cael eu hachosi gan ddeallusrwydd, sy'n beth ar wahân.

Adran B – Mecaneg

1 (a) Gan gymryd y cyfeiriad tuag i lawr yn bositif, mae gennym ni'r canlynol:

$u = -2\,\text{m s}^{-1}$, $\quad g = 9.8\,\text{m s}^{-2}$, $\quad s = 50\,\text{m}$, $\quad t = ?$

$$v^2 = u^2 + 2as$$

$$v^2 = (-2)^2 + 2 \times 9.8 \times 50$$

$$v^2 = 984$$

$$v = 31.4\,\text{m s}^{-1}$$

Nawr, gan ddefnyddio $s = \frac{1}{2}(u + v)t$

$$50 = \frac{1}{2}(-2 + 31.4)\,t$$

$$t = 3.4\,\text{s}$$

> Dull arall fyddai defnyddio'r hafaliad
> $$s = ut + \frac{1}{2}at^2$$
> a datrys ar gyfer t, ond bydd hyn yn rhoi hafaliad cwadratig yn t bydd yn rhaid i chi ei ddatrys gan ddefnyddio'r fformiwla. Mae'r dull hwn o ddarganfod v yn gyntaf cyn darganfod t ychydig yn symlach.

(b) Gan gymryd y cyfeiriad tuag i fyny yn bositif,

$u = 2\,\text{m s}^{-1}$, $\quad a = 2\,\text{m s}^{-2}$, $\quad t = 4\,\text{s}$, $\quad s = ?$

$$s = ut + \frac{1}{2}at^2$$

$$= 2 \times 4 + \frac{1}{2} \times 2 \times 4^2$$

$$= 24\,\text{m}$$

Cyfanswm y pellter uwchben y ddaear = 50 + 24 = 74 m

2 (a) (i) $v = 3t^2 + 12$
Pan fydd $t = 0$ s, $v = 0 + 12 = 12$ m s^{-1}

(ii) Parabola yw siâp y graff, gyda'r pwynt minimwm yn $(0, 12)$.
Nid yw'r graff byth yn mynd islaw'r echelin-x, sy'n golygu nad yw'r cyflymder byth yn negatif.

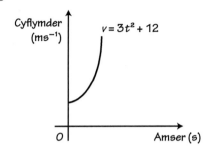

(b) (i) Mae'r hafaliad $v = 13t + 8$ yn y ffurf $y = mx + c$, ac felly mae'n llinell syth sydd â graddiant cyson. Mae graddiant y graff cyflymder–amser yn cynrychioli'r cyflymiad, felly mae'r cyflymiad yn gyson.

(ii) Mae rhoi cyflymder y ddau ronyn yn hafal yn rhoi
$$3t^2 + 12 = 13t + 8$$
$$3t^2 - 13t + 4 = 0$$
Mae ffactorio'r cwadratig hwn yn rhoi
$$(3t - 1)(t - 4) = 0$$
Mae datrys yn rhoi $t = \frac{1}{3}$ neu 4 eiliad.

Trwy hyn, mae ganddyn nhw'r un cyflymder ar $t = \frac{1}{3}$ neu 4 eiliad

> Dull arall fyddai differu'r cyflymder a dangos nad yw'r canlyniad yn cynnwys unrhyw dermau yn t, sy'n dangos, felly, fod y cyflymiad yn annibynnol ar amser.

3 (a)

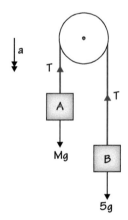

Gan gymhwyso ail ddeddf Newton i'r gronyn trymaf (h.y. gronyn A)
$$Ma = Mg - T \qquad\qquad (1)$$
Gan gymhwyso ail ddeddf Newton i'r gronyn ysgafnaf
$$5a = T - 5g \qquad\qquad (2)$$
Gan adio (1) a (2)
$$Ma + 5a = Mg - 5g$$
$$a(M + 5) = g (M - 5)$$
$$a = \frac{g(M - 5)}{M + 5}$$

(b) Am fod y llinyn yn ysgafn ac yn anestynadwy, mae'n cael ei dybio bod y tyniant yn gyson ar hyd y llinyn. Am fod y pwli yn llyfn, mae'n cael ei dybio nad oes grymoedd ffrithiannol yn gweithredu ar y llinyn.

4 (a)

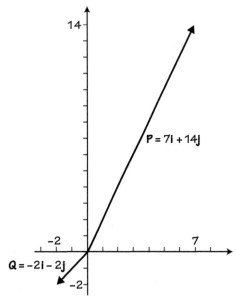

(b)
$$\mathbf{R} = (7\mathbf{i} + 14\mathbf{j}) + (-2\mathbf{i} - 2\mathbf{j})$$
$$= 5\mathbf{i} + 12\mathbf{j}$$
$$|\mathbf{R}| = \sqrt{5^2 + 12^2}$$
$$= 13 \text{ N}$$

$$a = \frac{F}{m} = \frac{13}{5} = 2.6 \text{ m s}^{-2}$$

(c) $\theta = \tan^{-1}\left(\dfrac{12}{5}\right) = 67.4°$ (i 1 lle degol)

Y cyfeiriad yw 67.4°(i 1 lle degol) uwchben yr echelin-*x* bositif (neu fector uned **i**)

> I ddarganfod y gydeffaith, rydych chi'n adio'r ddau fector yn y cyfeiriad **i** ac yna y ddau fector yn y cyfeiriad **j**. Y fector a gewch chi wedyn yw fector y gydeffaith. Mae theorem Pythagoras yn cael ei ddefnyddio wedyn i ddarganfod maint y gydeffaith.

5 Sylwch fod y cyflymder a'r pellter yn cael eu rhoi, felly gall cyflymiad y lifft gael ei ddarganfod cyn darganfod y tyniant yn y cebl.

$$v^2 = u^2 + 2as \text{ lle mae } u = 0 \text{ m s}^{-1}, v = 4 \text{ m s}^{-1}, s = 4 \text{ m}$$
$$4^2 = 0^2 + 2a \times 4$$

Gan roi $\quad a = 2 \text{ m s}^{-2}$

> Gan fod *t* yn anhysbys, mae angen i ni ddefnyddio hafaliad mudiant sydd ddim yn cynnwys *t*.

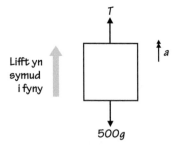

Gan gymhwyso ail ddeddf Newton i fudiant y lifft yn y cyfeiriad fertigol,
$$500a = T - 500g$$
$$500 \times 2 = T - 500 \times 9.8$$
$$T = 5900 \text{ N}$$

> Dylech chi bob amser luniadu diagram sy'n dangos y grymoedd sy'n gweithredu a chyfeiriad y cyflymiad.